信息化领域节能降碳技术原理与实践

曹学勤／著

吉林大学出版社

·长春·

图书在版编目（CIP）数据

信息化领域节能降碳技术原理与实践 / 曹学勤著. --
长春 : 吉林大学出版社, 2024.5
ISBN 978-7-5768-2458-2

Ⅰ.①信… Ⅱ.①曹… Ⅲ.①节能 Ⅳ.①TK018

中国国家版本馆CIP数据核字(2023)第213091号

书　　名：信息化领域节能降碳技术原理与实践
XINXIHUA LINGYU JIENENG JIANGTAN JISHU YUANLI YU SHIJIAN

作　　者：曹学勤
策划编辑：殷丽爽
责任编辑：殷丽爽
责任校对：李适存
装帧设计：晨曦印务
出版发行：吉林大学出版社
社　　址：长春市人民大街4059号
邮政编码：130021
发行电话：0431-89580036/58
网　　址：http://www.jlup.com.cn
电子邮箱：jldxcbs@sina.com
印　　刷：天津和萱印刷有限公司
开　　本：787mm×1092mm　　1/16
印　　张：9.5
字　　数：200千字
版　　次：2024年5月　第1版
印　　次：2024年5月　第1次
书　　号：ISBN 978-7-5768-2458-2
定　　价：72.00元

目　录

第1章 信息化领域节能降碳技术简介

　　为贯彻落实《"十四五"工业绿色发展规划》，加快推广应用先进适用节能技术装备产品，促进企业节能减碳、降本增效，推动工业和信息化领域能效提升，工业和信息化部组织开展了2022年度国家工业和信息化领域节能技术装备产品的遴选及《国家工业和信息化领域节能技术装备推荐目录（2022年版）》的发布。其中信息化领域节能技术装备目录为首次发布。其前身是先后5次发布的第一批、第二批、2019年度、2020年度国家绿色数据中心先进适用技术和2021年国家通信业节能技术（见表1-1）。

表1-1　历年国家绿色数据中心先进适用技术产品目录情况汇总

年份	目录名称	具体组成
2016	绿色数据中心先进适用技术目录（第一批）	共5类17项技术。涉及制冷冷却6项、供配电3项、IT（信息技术）、模块化4项、运维管理2项
2018	绿色数据中心先进适用技术产品目录（第二批）	4个领域28项技术产品。涉及能源效率提升24项（含制冷冷却12项、供配电2项、IT设备6项、优化控制4项）、废弃设备及电池回收利用1项、可再生能源和清洁能源应用1项、运维管理2项。
2019	绿色数据中心先进适用技术产品目录（2019年）	4个领域50项技术产品。高效IT技术产品7项，高效制冷和冷却技术产品26项，系统集成技术产品5项，可再生能源利用、分布式供能及废旧设备回收处理技术产品3项，高效供配电技术产品3项，辅助系统1项，绿色运维管理技术产品5项
2020	绿色数据中心先进适用技术产品目录（2020年）	4个领域62项技术产品。高效系统集成技术产品4项，高效制冷/冷却技术产品32项，高效IT技术产品7项，高效供配电技术产品7项，高效辅助技术产品2项，可再生能源利用、分布式供能和微电网建设技术产品2项，废旧设备回收处理、限用物质使用控制技术产品2项，绿色运维管理技术产品6项
2021	国家通信业节能技术产品推荐目录（2021）	包括绿色1数据中心、5G1网络、其他三个1领域共74项技术

　　《国家工业和信息化领域节能技术装备推荐目录（2022年版）》内共
包含数据中心节能提效技术18项（见表1-2）、通信网络节能提效技术23项
（见表1-3）、数字化绿色化协同转型节能提效技术11项（见表1-4）。由
于各单位申报技术不再按应用领域进行划分，而改为按申报单位进行归并，
造成部分技术无法准确区分类别。为便于相关单位更好地了解和理解入选技
术，加快对其推广应用，特编著本书。本书按应用方向将技术分为数据中心
（见表1-2）、通信网络（见表1-3）、数字化绿色化协同转型（见表1-4）
3个领域共9个类别，并分别介绍其原理及应用，并以数据中心为例详细介绍
了节能低碳技术综合应用的案例情况。

**表1-2　《国家工业和信息化领域节能技术装备推荐目录（2022年版）》
数据中心节能提效技术部分**

序号	技术名称	适用范围
1	数据中心相变浸没及冷板液冷技术	适用于数据中心冷却系统新建及改造
2	模块化数据中心智能化综合节能技术	适用于数据中心冷却系统、配电系统或整体新建及改造
3	数据中心智能化综合节能技术	适用于数据中心冷却系统、配电系统或整体新建及改造
4	数据中心机房整体模块化解决方案	适用于数据中心冷却系统、配电系统或整体新建及改造
5	数据中心间接蒸发冷却冷水技术	适用于数据中心冷却系统新建及改造
6	基于软硬件协同的数据中心服务器节能技术	适用于数据中心信息系统新建及改造
7	敞开式立体卷铁心干式变压器	适用于数据中心配电系统新建及改造
8	蒸发冷却等多源互补协同制冷技术	适用于数据中心冷却系统新建及改造
9	液冷温控/氟泵多联/间接蒸发冷却复合型数据中心冷却系统	适用于数据中心冷却系统新建及改造
10	浸没式液冷用零臭氧消耗潜能值（ODP）、低全球变暖潜能值（GWP）氟化冷却液	适用于数据中心冷却系统新建和改造

续表

序号	技术名称	适用范围
11	变频离心式冷水机组	适用于数据中心冷却系统新建和改造
12	数据中心智能化行级模块和空调背板墙系统	适用于数据中心冷却系统或整体新建和改造
13	单相全浸没式液冷技术和10kV交流输入的直流不间断电源系统	适用于数据中心冷却系统或配电系统新建及改造
14	流场优化通风冷却系统	适用于数据中心冷却系统新建及改造
15	基于人工智能（AI）的数据中心运维管理系统	适用于数据中心冷却系统运维管理及改造
16	数据中心芯片级热管液冷技术	适用于数据中心冷却系统新建及改造
17	智能化数据中心节能解决方案	适用于数据中心整体或子系统新建及改造
18	直接蒸发式预冷却加/除湿多联热管空调技术	适用于数据中心冷却系统新建及改造

**表1-3　《国家工业和信息化领域节能技术装备推荐目录（2022年版）》
通信网络节能提效技术**

序号	技术名称	适用范围
1	通信站点综合节能技术	适用于通信网络基站、机房整体或局部新建及改造
2	基于深度强化学习的无线网络节能管理系统	适用于通信网络基站、机房动环系统运维管理及改造
3	基于人工智能的多网协作节能管理技术	适用于通信网络基站通信设备运维管理及改造
4	通信基站自驱型回路热管散热系统	适用于通信网络基站冷却系统运维管理及改造
5	模块化不间断电源	适用于通信网络机房配电系统新建及改造
6	喷淋液冷型模块化机柜	适用于通信网络基站、机房整体新建及改造

续表

序号	技术名称	适用范围
7	浸没式液冷型基带处理单元（BBU）机柜	适用于通信网络基站、机房整体新建及改造
8	精密空调和集装箱式机房解决方案	适用于通信网络基站、机房冷却系统或整体新建及改造
9	基于无线网的综合网络能效提升管理系统	适用于通信网络移动通信系统运维管理及改造
10	第五代移动通信（5G）基站智能关断控制系统	适用于通信网络基站运维管理及改造
11	基于机器学习与区块链的基站侧分布式储能系统	适用于通信网络基站不间断电源系统运维管理及改造
12	双冷源集成式机柜	适用于通信网络基站、机房整体新建及改造
13	机房双回路热管空调技术	适用于通信网络机房冷却系统新建及改造。
14	无线数据机房智能化能耗管理系统	适用于通信网络基站、机房整体运维管理及改造
15	相控阵可重构智能表面技术	适用于通信网络野外环境基站新建
16	直流变频制冷技术及整体解决方案	适用于通信网络机房冷却系统新建及改造
17	变频列间空调	适用于通信网络机房冷却系统新建及改造
18	露点型间接蒸发冷却解决方案	适用于通信网络机房冷却系统新建及改造
19	通信机房智能温控技术	适用于通信网络机房冷却系统运维管理及改造
20	具有能耗管理功能的户外一体化电源柜	适用于通信网络基站配电系统新建及改造
21	通信基站直发直供型光储一体解决方案	适用于通信网络基站配电系统新建及改造

续表

序号	技术名称	适用范围
22	支持基带处理单元堆叠布置冷热场控制技术	适用于通信网络机房冷却系统新建及改造
23	基于人工智能（AI）的移动通信基站节能管理技术	适用于通信网络基站运维管理及改造

表1-4 《国家工业和信息化领域节能技术装备推荐目录（2022年版）》

数字化绿色化协同转型节能提效技术

序号	技术名称	适用范围
1	电力物联网高速载波数据采集及供电系统优化技术	适用于工业企业供配电系统运维管理及改造
2	基于无线通信及多约束条件人工智能算法的公辅车间管理系统	适用于工业企业空压站房等公辅车间运维管理及改造
3	基于大数据的工业企业用能智能化管控技术	适用于工业园区整体能源管理及改造
4	基于工业互联网的设备运行智能化协同管理技术	适用于工业企业设备运行管理及改造
5	流程工业能源系统运行调度优化技术	适用于流程工业能源系统运维管理及改造
6	基于工业互联网面向工业窑炉高效燃烧的大涡湍流算法	适用于基础工业产品热加工及热处理用燃烧系统改造
7	基于云计算的能源站智能化能效管控技术	适用于工业企业能源系统运维管理及改造
8	基于工业大数据动态优化模型的离散制造业用能管控技术	适用于离散制造业企业压铸、热处理等工序运维管理及改造
9	基于大数据分析的企业用能智能化运营技术	适用于工业企业及园区能源系统运维管理及改造
10	基于第五代移动通信（5G）及大数据的数字设备节能管理技术	适用于工业和通信企业数字设备运维管理及改造
11	钢铁烧结过程协同优化及装备智能诊断技术	适用于钢铁工业烧结工厂新建及改造

第2章　数据中心高效冷却技术

2.1　综述

数据中心需全年连续稳定运行，为保证数据中心中IT设备及电源、电池等其他设备的高效稳定运行，需提供适宜的温度和湿度等环境。但数据中心内的电耗密度高达300～1500W/m²，部分甚至可达3 000W/m²，绝大部分转化为热释放到机房内环境中。即使在冬季室外温度很低时，数据中心仍然需要向外部散热。

数据中心的冷却系统是将数据中心内部IT及其他设备所产生的热量转移到室外的环境，特别是当室外环境温度高于数据中心内部环境温度时，热量不能自动地从高温环境传递到低温环境，需要形成低温环境，以便热量排出。因此，数据中心的冷却系统对于数据中心的稳定运行至关重要。但在形成低温环境的过程中，数据中心冷却系统自身也消耗了大量的电能，约占整个数据中心能耗的20%～40%（见图2-1），也是数据中心能耗较大的辅助设备。因此，降低冷却系统能耗是提升数据中心能源利用效率的重要环节。

从数据中心冷却系统能耗构成上看，主要由冷源设备（制冷机组）能耗、输配设备（主要是水泵、输送风机）能耗及散热设备能耗（主要是末端散热风机、冷却塔风机、空气冷却器风机等）构成（见图2-2）。其中冷源系统能耗占整个冷却系统能耗的50%～70%。

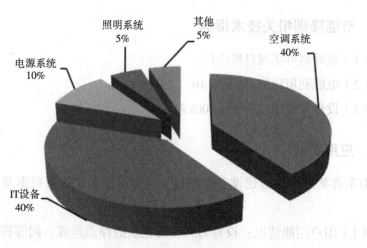

图 2-1 数据中心能耗构成

为降低数据中心冷源系统能耗，发展出一系列高效冷源系统。

2.2 数据中心相变浸没及冷板液冷技术

2.2.1 功能特点

（1）充分利用冷媒相变换热优势，实现对所有发热元器件的高效散热，且无需配置任何风扇，噪声低至45dB。

（2）冷媒材料性能稳定、安全可靠，材料兼容性优。

（3）提升计算机系统节点部署密度，缩短节点间的通信距离，减少网络通信延时。

2.2.2 技术原理

该技术由相变浸没液冷技术和冷板液冷技术组成。在冷板液冷技术中，冷媒不与电子器件直接接触，通过高热传导性冷板将被冷却对象的热量传递到冷媒中，由冷媒将热量从热区传递到换热模块完成冷却循环。在相变浸没液冷技术中，冷媒与电子器件直接接触，冷媒吸热沸腾后，由冷媒蒸汽将热量从热区传递到换热模块完成冷却循环。

2.2.3 节能降碳相关技术指标

（1）室外侧可实现自然冷却。

（2）电能利用比值可低于1.10。

（3）设计单机柜总功率≥200kW。

2.2.4 应用案例

山东省某液冷机房建设工程项目，技术提供单位为某数据基础设施公司。

（1）用户用能情况：设算力30千万亿次的浮点运算，同等算力下需要超万台普通风冷服务器，相当于715台5.6kW的标准机柜。

（2）实施内容及周期：根据客户需求建设液冷机房，机柜整体功耗1 768kW，机房整体功耗1 954kW，包含2套冷板式液冷微模块、4套相变浸没式液冷系统。实施周期为2个月。

（3）节能减排效果及投资回收期：改造完成后，经测算电能利用比值为1.07，与传统风冷电能利用比值为1.50相比，节能量为1 712万kW·h/a千瓦时/年。

2.3 液冷温控系统

2.3.1 功能特点

（1）兼容冷板式或浸没式液冷散热，匹配水、乙二醇及氟化物等介质。

（2）适应高密度机柜，提供可靠的散热环境。

（3）输配管网双环路均流设计，流量标准偏差控制在1.5%以内。

2.3.2 技术原理

该系统将服务器内部高发热部件与低发热部件的散热通道区分，针对高发热部件采用液体冷却，以冷却水为冷源与进出服务器冷却液直接换热，针对低发热部件采用空气冷却，实现双通道精准冷却，解决传统制冷系统因统一采用低温冷源制冷造成的制冷系统能效低的问题。

2.3.3 节能降碳相关技术指标

（1）电能利用比值可接近1.10。

（2）服务器中央处理器温度≤65℃。

（3）单机架装机容量>25kW。

2.3.4 应用案例

某运营商某基地液冷试验局项目，技术提供单位为广东某环境系统股份有限公司。

（1）用户用能情况：该项目为新建项目，机房位于亚热带地区，全年平均温度高，使用传统机房则电能利用比值会大于1.50。

（2）实施内容及周期：部署2套45kW液冷温控系统。实施周期为3个月。

（3）节能减排效果及投资回收期：经测算，电能利用比值为1.13，按照传统机房电能利用比值为1.50计算，节能量为22万kW·h/a。投资回收期约10年。

2.4 浸没式液冷用零臭氧消耗潜能值（ODP）、低全球变暖潜能值（GWP）氟化冷却液

2.4.1 功能特点

（1）比热容大，散热效率高，可提高设备功率密度，有效节约占地面积和用电量。

（2）介电常数低，不影响高速信号传输的完整性，材料兼容性好，适合服务器等元器件长期浸泡。

2.4.2 技术原理

浸没单相和相变氟化冷却液，用于浸没式（接触式）液冷。将服务器或

芯片等发热器件设备全部或部分浸没在单相或相变氟化冷却液中，依靠冷却液显热变化或潜热变化传递热量，替代传统风冷散热技术，解决发热器件散热问题。

2.4.3 节能降碳相关技术指标

（1）全球变暖潜能值（GWP）<150。

（2）介电强度>30千伏kV。

（3）相对介电常数2。

2.4.4 应用案例

某供电公司液冷机房项目，技术提供单位为浙江某氟化工有限公司。

（1）用户用能情况：原采用传统风冷设备，设计总计算功率10kW，电能利用比值为1.8。

（2）实施内容及周期：将原有冷却方式由传统风冷升级改造为采用浸没液冷技术设备。实施周期为3个月。

（3）节能减排效果及投资回收期：经测算，电能利用比值为1.10，按照原来风冷设备电能使用效率为1.80计算，则节能量为5万kW·h/a。

2.5 单相全浸没式液冷技术

2.5.1 功能特点

（1）使用数据中心浸没液冷架构，在满足可靠性要求下不再需要空调。

（2）实现30～100kW不同机柜功率密度的部署需求。

2.5.2 技术原理

该技术采用冷却液直接接触换热器进行冷却的方式，省掉了水冷和风冷系统中两次空气与水交换的过程，同时省掉压缩机等制冷系统核心部件，换热效率高，可实现单机柜30～100kW容量。

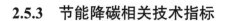

2.5.3　节能降碳相关技术指标

（1）电能利用比值<1.20。

（2）最小电能利用比值为1.09。

2.5.4　应用案例

河北省某云数据中心项目，技术提供单位为某云计算有限公司。

（1）用户用能情况：该项目为新建项目。

（2）实施内容及周期：部署约2 200台使用液冷技术的服务器。实施周期为14个月。

（3）节能减排效果及投资回收期：电能利用比值约1.10，与传统机房电能利用比值为1.50相比，节能量为630kW·h/a。投资回收期约4年。

2.6　数据中心芯片级热管液冷技术

2.6.1　功能特点

（1）环型热管散热能力是传统结构单根热管散热能力的10倍以上。

（2）采用于被动式传热，没有任何动接头和泵阀结构，相比其他芯片级液冷更安全可靠。

（3）减少服务器内部的风扇数量，噪声降低到50dB左右。

2.6.2　技术原理

该技术通过小型化相变热管直接与服务器中央处理器（CPU）接触，将发热源产生的热量从服务器内快速输送至服务器外，再耦合液冷形式将其排出机房，仅靠喷淋自然冷却就能将回水温度降温到供水温度，可全年压缩机停用，实现节能。

2.6.3　节能降碳相关技术指标

（1）电能利用比值可低于1.10。

（2）负荷能力>600W。

2.6.4 应用案例

某运营商某云计算中心改造项目，技术提供单位为某空气动力技术研究院。

（1）用户用能情况：具有20台机架式服务器，单机柜总额定功率约为14kW。

（2）实施内容及周期：部署热管散热系统，代替原有的水冷系统。实施周期为6个月。

（3）节能减排效果及投资回收期：改造完成后，经测算，项目电能利用比值为1.05，节能量为5万kW·h/a。投资回收期约2年。

2.7 数据中心间接蒸发冷却冷水技术

2.7.1 功能特点

（1）非寒冷季节采用外冷式、内冷式间接蒸发冷却器相结合的方式预冷进入填料塔的工作空气，降低机组出水温度。

（2）内冷式间接蒸发冷却器采用立管式，在沙尘天气下也具有优良的换热性能，同时具备优良的防结垢性能，减小机组维护量。

2.7.2 技术原理

该技术通过间接蒸发冷却和直接蒸发冷却两个功能，以水作为制冷介质，通过间接蒸发冷却器和直接蒸发冷却器的两次换热，充分利用外界环境温度自然冷却，为数据中心冷却系统提供冷水。

2.7.3 节能降碳相关技术指标

（1）名义工况性能系数（coefficient of performance, COP）>15。

（2）最低电能利用比值为1.10。

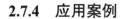

2.7.4　应用案例

北京市某数据中心项目，技术提供单位为新疆某新能源科技有限公司。

（1）用户用能情况：数据中心原空调系统采用离心式冷水机组+房间级冷冻水精密空调末端的形式给机房内服务器降温，改造前设备运行总负荷约3 150kW，机柜数量为1 155个。

（2）实施内容及周期：应用间接蒸发冷却冷水系统替代原有冷却塔运行，通过两级蒸发过程，延长自然冷却时长约2 500h，提高压缩机能效比。实施周期为5个月。

（3）节能减排效果及投资回收期：改造完成后，电能利用比值由1.45降低至1.29，系统节能量为453万kW·h/a。投资回收期约2.5年。

2.8　板管蒸发冷却技术

2.8.1　功能特点

（1）与传统盘管蒸发式冷凝器相比，更易清洗、不易结垢，无飞水现象，换热效率更高；

（2）将冷凝器和冷却塔合二为一，将空调整机面积缩小15%以上。

2.8.2　技术原理

该技术采用自主研发的板管蒸发式冷凝器取代传统的盘管型蒸发式冷凝器，采用平面液膜换热技术，从而改善流体流动状态，增大流体对冷凝器表面的湿润率及覆盖面积；采用双级双通道协同制冷控制技术，利用高、低温两级蒸发器差异化结构设计，实现制冷主机大温差双级机械制冷；结构上将冷凝器和冷却塔合二为一，充分利用水的蒸发潜热冷却工艺流体。

2.8.3　节能降碳相关技术指标

（1）压缩机制综合制冷性能系数为6.00～7.00。

（2）自然冷源综合制冷性能系数为15～30。

2.8.4　应用案例

某科技园机房楼建设项目，技术提供单位为广州市某工业有限公司。

（1）用户用能情况：该项目为新建项目。

（2）实施内容及周期：采用板管蒸发冷却式自然冷源数据中心节能技术进行建设，建设362个冷通道封闭形式的机架，供冷的总冷负荷约2 500kW。实施周期为1年。

（3）节能减排效果及投资回收期：与风冷机组相比，年制冷节能率约为30%，节能量为15万kW·h/a。投资回收期约2.5年。

2.9　间接蒸发冷却制冷机组

2.9.1　功能特点

（1）模块工厂预制，减少现场安装施工时间和成本。

（2）压缩机、风机、水泵采用变频系统，实现无级调节。

（3）采用智能化控制主板与集控系统，根据不同环境工况自动切换运行模式。

2.9.2　技术原理

该技术不需要配置冷冻水系统，针对冬季环境温度0℃以下地区设计空气—空气换热技术，冬季运行不需冷却水，解决冬季防冻问题，充分发挥自然冷潜力，降低数据中心能耗。机组具有三种运行模式，可根据实际工况进行切换。

2.9.3　节能降碳相关技术指标

（1）干模式综合制冷性能系　9.40。

（2）湿模式综合制冷性能系数为8.70。

（3）混合模式综合制冷性能系数为4.00。

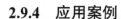

2.9.4　应用案例

某数据产业园建设项目，技术提供单位为广州市某工业有限公司。

（1）用户用能情况：该项目为新建项目。

（2）实施内容及周期：部署间接蒸发制冷机组2台，总制冷量440kW。实施周期为6个月。

（3）节能减排效果及投资回收期：根据测算，数据中心整体式冷却系统制冷负载因子为0.13，数据中心整体电能利用比值约1.19，相比传统机组，节能量为16kW·h/a。投资回收期约1.50年。

2.10　间接蒸发冷却机组

2.10.1　功能特点

（1）技术成熟、可靠性高、环境适应能力强、安装维护简单、运维成本低。

（2）根据室外新风工况不同自动切换三种模式，确保可能送回风温度满足机房要求且总体运行于最节能模式。

（3）采用模块化、预制化设计，现场安装周期可缩短70%。

2.10.2　技术原理

该技术通过蒸发冷技术、间接换热技术、全变频技术、智能控制模式切换技术（干工况/湿工况/复合工况），利用蒸发冷却降低温度的原理，提高自然冷却利用时间，尽量减少压缩机机械制冷系统的投入运行时间，提高机房电能使用效率。

2.10.3　节能降碳相关技术指标

名义工况性能系数>9.0。

2.10.4 应用案例

宁夏回族自治区某数据中心项目，技术提供单位为广东某环境系统股份有限公司。

（1）用户用能情况：该项目为新建项目，计划安装4kW机柜4 232个。

（2）实施内容及周期：部署间接蒸发冷却机组7台。实施周期为2个月。

（3）节能减排效果及投资回收期：经测算，间接蒸发冷却解决方案局部电能利用比值约1.10，相比传统水冷系统解决方案，节能量为1 787万kW·h／a。投资回收期约2年。

2.11 间接蒸发冷却技术

2.11.1 功能特点

（1）采用储能直连方式，在发生双路供电时压缩机不停机运行，机房温度无波动，保证制冷可靠性。

（2）可根据负载、室内外环境温湿度智能控制机组运行。

（3）采用一体式架构，安装、运行维护方便。

2.11.2 技术原理

该技在空—空间接式换热技术基础上集成蒸发冷却系统，实现自然冷却。当室外干球温度≤16℃时，仅需开启直流无刷风机，通过室外新风与室内空气交叉换热，利用自然冷源进行制冷；当干球温度>16℃且湿球温度≤19℃时，优先开启水泵进行雾化喷淋空气—空气换热芯，利用水在蒸发过程中吸收室内空气的热量来进行制冷；当湿球温度>19℃时，进一步开启直流变频压缩机、电子膨胀阀，根据负载需要，自动调整压缩机频率。

2.11.3 节能降碳相关技术指标

（1）全年能效比（负载率100%）为12.86。

（2）机组运行谐波<5%。

（3）机组功率因数>0.95。

2.11.4 应用案例

某大数据中心项目，技术提供单位为某技术有限公司。

（1）用户用能情况：新建6个标准模块化机房，部署19英寸（1英寸＝2.54cm）机柜超过1 000台，可承载10 000多台服务器运行。

（2）实施内容及周期：采用间接蒸发冷却温控方案、1.2M V·A供配电融合解决方案及新一代智能云监控管理系统。实施周期3个月。

（3）节能减排效果及投资回收期：改造完成后，根据测试，该数据中心电能利用比值为1.25，低于当地平均值1.45，节能量为210kW·h/a。投资回收期为3年。

2.12 全变频氟泵精密空调

2.12.1 功能特点

（1）采用可完全独立运行的热管制冷模式和机械制冷模式，并可自动切换。

（2）整机采用模块化安装，缩短现场安装周期40%。

2.12.2 技术原理

该技术采用压缩机及制冷剂泵串联结构，室内机采用电子换向离心风机、直流变频压缩机、油分离器组件、大面积蒸发器，并配备湿膜加湿器；室外机采用集中式结构，内置变频氟泵节能模块，并可选配雾化喷淋组件。技术可根据使用环境及安装方式，通过人工智能算法自动计算负载大小，自动切换4种模式并控制空调系统投入运行数量，使空调始终运行在最佳能效点，充分利用自然冷源，降低空调能耗。

2.12.3 节能降碳相关技术指标

（1）制冷量为45.3kW。

（2）显冷量为44.5kW。

（3）制冷消耗功率为2.62kW。

（4）能效比为17.29。

2.12.4 应用案例

某电力项目，技术提供单位为深圳某科技股份有限公司。

（1）用户用能情况：项目为国网某省多站融合的数据中心项目，该地区冬季具有较长的低温时长。

（2）实施内容及周期：为该数据中心安装全变频智慧氟泵空调100kW套，80kW3套，50kW2套。实施周期为6个月。

（3）节能减排效果及投资回收期：普通风冷精密空调无法利用自然冷源，全年能效比为4.90，改造后利用自然冷源，全年能效比约12.83，节能量为92万kW·h/a。投资回收期约2年。

2.13 氟泵多联式自然冷却系统

2.13.1 功能特点

（1）系统无中间换热环节，最大限度简化换热过程，提高冷却性能。

（2）系统采用无油设计，不存在回油问题，部署场景不受高度、管长等约束，建筑布局灵活。

（3）采用分布式系统、模块化设计，可快速实现系统交付。

2.13.2 技术原理

该系统采用一次循环，室内末端与散热冷源直接连接，无中间换热环节，降低室外温度要求，实现超宽自然冷却时间。此外，系统采用氟泵及小压比气泵，建立全冷媒过程，实现热管高效换热。

2.13.3 节能降碳相关技术指标

（1）机房电能利用比值<1.25。

（2）单套系统名义工况性能系数>6。

2.13.4　应用案例

广东省某大数据中心项目，技术提供单位为广东某环境系统股份有限公司。

（1）用户用能情况：该项目为新建项目，机房位于亚热带地区，全年平均温度高，设计单机柜5kW。

（2）实施内容及周期：部署81台自然冷却双循环精密空调、电力电池间用房间级空调及核心机房用行级空调。实施周期为6个月。

（3）节能减排效果及投资回收期：改造完成后，经测算，制冷负载因子（Coding Load Factor，CLF）为0.15，按照常规数据中心制冷系统CLF为0.28计算，节能量为1 138万千瓦时/年。投资回收期约2年。

2.14　变频离心式冷水机组

2.14.1　功能特点

（1）采用三元流叶轮，气体流动形态更合理，全面提升满负荷及部分负荷效率。

（2）压缩机齿轮采用独特斜齿设计，三齿同时啮合，确保高效和长寿命，提高机组可靠性。

2.14.2　技术原理

该技术利用三元流叶轮、补气增焓技术和节能器，根据数据中心的高温工况进行优化设计，结合数字变频技术，依据数据中心工况自动控制压缩机转速，使压缩机能效显著提高。在过渡季节冷却水温度较低工况下，可降低压缩机转速，适应小压比工况。

2.14.3　节能降碳相关技术指标

（1）名义工况性能系数>7；

（2）综合部分负荷性能系数>11。

2.14.4 应用案例

浙江省某云计算数据中心项目，技术提供单位为某工业有限公司。

（1）用户用能情况：该项目为新建项目，柜机数量为11 416个。

（2）实施内容及周期：部署变频离心式冷水机组设备5台。实施周期为2个月。

（3）节能减排效果及投资回收期：根据实际运行工况进行计算，相比普通离心机组节能量为420万kW·h/a。投资回收期约1年。

2.15 数据中心智能化行级模块和空调背板墙系统
——空调背板墙

2.15.1 功能特点

（1）可实现高功率、高密度的单机柜应用，单机柜内发热功率最大支持25kW。

（2）安装于机柜后门，节省机房空间。

2.15.2 技术原理

该技术安装在机柜背后，背板内部的环保工质将设备散发的热量吸收后发生相变，在热力作用下向上沿管道流入热管冷凝器散热后冷却成液态，再通过重力作用回流至背板换热器，完成换热循环。

2.15.3 节能降碳相关技术指标

（1）空调末端名义工况性能系数为56。

（2）供水温度≤18℃。

（3）回水温度≤24℃。

2.15.4 应用案例

广东省某数据中心机房改造项目，技术提供单位为北京某科技产业集团有限公司。

（1）用户用能情况：该数据中心面积较小，空间紧凑，设备较为老旧，电能利用比值高于1.80。

（2）实施内容及周期：为机柜部署空调背板墙系统以及智能控制系统，以保证机房环境温度的稳定。实施周期为1个月。

（3）节能减排效果及投资回收期：该数据中心改造后电能利用比值为1.3，节能量为260万kW·h/a。投资回收期约3年。

2.16 直接蒸发式预冷却加/除湿多联热管空调技术——双系统互备热管背板空调末端技术

2.16.1 功能特点

（1）采用贴近热源的方式实现机柜级的精确散热；

（2）双系统互备热管背板空调末端设计两套换热器，每套换热器均可独立对机柜散热，提高制冷系统安全性、可靠性；

（3）采用自然冷源冷却与机械制冷相结合的方式，充分利用室外自然冷源。

2.16.2 技术原理

热管背板空调末端技术采用"自然冷源"或"自然冷源+强制制冷"方式，通过小温差驱动热管系统内部循环工质形成自适应动态相变循环，把数据中心内IT设备的热量带到室外，使室内外无动力、自适应冷量传输，实现机柜级按需制冷。

2.16.3 节能降碳相关技术指标

（1）单背板末端空调制冷量：3～25kW。

（2）单背板末端空调风量：1 000～6 500m³/h。

（3）空调末端名义工况性能系数≥60。

2.16.4　应用案例

某数据中心热管背板示范机房项目，技术提供单位为四川某信息技术有限公司。

（1）用户用能情况：该数据中心新建示范机房面积约382m²，单机柜功率高达15kW。

（2）实施内容及周期：运用自然风冷水冷型热管背板末端空调14台，并建设系统相关配套设施。实施周期为6个月。

（3）节能减排效果及投资回收期：改造完成后，根据测试，该数据中心电能利用比值为1.32，热管背板末端空调系统耗电量为57万kW·h/a，而风冷直膨式精密空调系统耗电量为96万kW·h/a，节能量为39万kW·h/a。

2.17　整体优化流场的通风冷却系统

2.17.1　功能特点

（1）用于数据中心空调系统空冷器机组、蒸发冷机组、冷却塔机组等室外机组。

（2）技术可靠性强，能效降低15%。

2.17.2　技术原理

该技术通过应用叶轮流场优化、电机效率提升、智能调整转速等技术，实现整体优化流场，同时电机速度可控。

2.17.3　节能降碳相关技术指标

（1）能效等级为1级。

（2）通风效率可大于86.20%。

2.17.4　应用案例

北京市某数据中心项目，技术提供单位为威海某风机股份有限公司。

（1）用户用能情况：项目室外机组安装10台通风机，设备故障率高、能耗高。

（2）实施内容及周期：利用高效冷却通风机替代原有传统通风机。实施周期为2个月。

（3）节能减排效果及投资回收期：改造完成后，经测算，比原有通风机节能30%，节能量为14万kW·h/a。投资回收期约1.50年。

2.18　直接蒸发式预冷却加（除）湿技术

2.18.1　功能特点

（1）湿膜加（除）湿机采用防火、阻燃、抗菌、吸水率高、饱和效率大的湿膜，加、除湿量可根据客户要求量身定制。

（2）风冷空调室外机湿膜潜热冷却节能装置提高热管内外机的温差，有效提高换热效率，提高空调制冷量。

2.18.2　技术原理

环境干热空气经过富含水分子的湿膜后，通过等焓、加湿、降温过程，实现环境空气全热交换。根据用途可分为室内型湿膜加（除）湿机和室外型风冷空调室外机湿膜潜热冷却节能装置。

2.18.3　节能降碳相关技术指标

（1）加湿量为10～30kg/h。

（2）加湿功率0.50～2.50kW。

（3）除湿量5～15kg/h。

（4）除湿功率1.70～4.50kW。

2.18.4　应用案例

浙江省某公司机房改造项目，技术提供单位为四川某信息技术有限公司。

（1）用户用能情况：该项目为新建项目，对环境的温度和湿度要求高。

（2）实施内容及周期：采用66台湿膜加（除）湿机（加湿量20kg/h）来控制机房内的环境湿度。实施周期为2个月。

（3）节能减排效果及投资回收期：改造完成后，根据测试，节能量为259万kW·h/a。投资回收期为1年。

第3章　数据中心高效供配电技术

3.1　综述

数据中心供配电系统是为IT设备提供稳定、可靠的动力电源支持的系统。具体包括：变配电系统、不间断电源系统、机柜配电系统、照明及建筑电气系统等。数据中心高效变配电系统的规划和设计应能满足数据中心负荷逐步增长和机房逐步启用的需求，适应机房模组化的特点，具有一定的调配能力。变压器及低压配电系统应尽量贴近负荷中心部署，缩短供电距离等。围绕损耗小、能源效率高，发展出一系列技术。

3.2　240V系列化高压直流电源系统

3.2.1　功能特点

（1）休眠功耗不超过4W，减少轻载损耗。

（2）电能转换效率高，降低机房整体能耗水平。

（3）整流器功率密度达2kW/L，节省空间。

3.2.2　技术原理

系统由交流配电柜、整流柜、直流配电柜组成，采用高效系统架构设计，具有功率高、功率密度高的特点，可实现低功耗休眠，结合整机监控系统实现电池的智能管理，为机柜提供稳定高效的直流供电。

3.2.3 节能降碳相关技术指标

（1）额定线电压为380V交流。

（2）额定输出电压为267.50V直流。

（3）峰值效率为96.50%。

3.2.4 应用案例

重庆市某公司微模块建设项目，技术提供单位为某通讯股份有限公司。

（1）用户用能情况：该项目平均单列15个机架，共120kW，需要提供对应机架可靠的供电方案。

（2）实施内容及周期：采用42套高压直流+市电直供的方式进行供电改造。实施周期为9个月。

（3）节能减排效果及投资回收期：改造完成后，经测算，采用高压直流+市电的供电方式，相比传统供电方式，提高供电效率2%～3%，节能量为88万kW·h/a。

3.3 直流供电系统

3.3.1 功能特点

（1）可自动识别电网特性并调整控制参数实现最优控制，谐波小、运行可靠。

（2）采用适应多种总线架构的硬件抗扰技术，可实现48台整流模块的可靠并联。

（3）采用智能休眠算法，可分析模块的实时运行状态、在线时间等信息，控制功率模块轮流休眠。

3.3.2 技术原理

该技术由供配电系统、机柜系统、监控系统组成，功率部分采用标准模块化设计，可灵活配置系统容量，根据系统容量不同分为组合式和分体式，其中组合式系统最大容量为210kW，分体式系统最大容量为720kW。

3.3.3　节能降碳相关技术指标

（1）系统电源效率>96%。

（2）整流模块效率>96.50%。

（3）满载功率因数>0.99。

（4）满载电流谐波≤2.50%。

3.3.4　应用案例

广东省某计算数据中心项目，技术提供单位为某数据股份有限公司。

（1）用户用能情况：项目能耗为14 007万kW·h/a，采用600A/180kW数据中心用直流电源系统。

（2）实施内容及周期：对电源系统进行替换，配置输出功率因数为0.90的200kVA设备2台。实施周期为9个月。

（3）节能减排效果及投资回收期：改造完成后，经测算，负载率为33.30%，该供电系统节能量为659万kW·h/a。投资回收期约4年。

3.4　超高频大功率模块化不间断电源（UPS）

3.4.1　功能特点

（1）具有智能休眠功能，部分模块会智能休眠，始终保证不间断电源（Uninterrupted Power Supply,UPS）运行在最优带载效率范围。

（2）具有（HECO）节能模式，具备无功补偿功能，为负载提供高效稳定电源。

3.4.2　技术原理

运用新型碳化硅半导体器件，低磁材质电感器和交错并联结构的高效功率因素校正电路，提升高频模块化不间断电源产品在满载及轻载情况下的效率水平；采用基于控制器局域网络通信数字均流技术，全面提升产品的扩展性能和系统供电可靠性；优化电路散热结构，降低辅助电路及风扇损耗等，提升不间断电源的整机效率。

3.4.3 节能降碳相关技术指标

（1）on-line模式能效为97%。

（2）HECO模式能效为99%。

（3）功率密度为2.91kW/L。

3.4.4 应用案例

某数据中心项目，技术提供单位为深圳某科技股份有限公司。

（1）用户用能情况：机房建设面积约1 400m²，涉及产品包括12套冷通道系统及配套动环监控系统，共174个机柜。

（2）实施内容及周期：配置12套IDM冷通道系统及配套动环监控、4台500kV·A和1台800kV·AUPS和配套蓄电池、50套精密空调、精密配电系统等设备。实施周期为10个月。

（3）节能减排效果及投资回收期：改造完成后，UPS负载率保持在60%左右，产品效率为97%，与业内平均效率95%的设备相比，节能量为32万kW·h/a。

3.5 敞开式立体卷铁心干式变压器

3.5.1 功能特点

（1）采用芳纶绝缘纸与艾伦塔斯浸漆组成的混合绝缘技术，最高绝缘等级C级，最高允许温度为220℃。

（2）卷绕式铁心材料利用率100%，铁心截面接近圆形，填充系数约0.95～0.96。

3.5.2 技术原理

该技术采用立体卷铁心结构及饼式线圈结构，由芳纶绝缘纸、聚酰亚胺薄膜和单组分环保型绝缘漆组成混合绝缘系统，配合真空压力浸漆工艺，降低设备的空载损耗、负载损耗。敞开式立体卷铁心干式变压器工艺流程如图3-1所示。

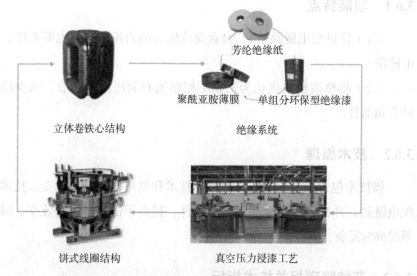

图3-1 敞开式立体卷铁心干式变压器工艺流程图

3.5.3 节能降碳相关技术指标

（1）空载损耗降低6.10%。

（2）负载损耗降低3%。

（3）空载电流降低80%。

3.5.4 应用案例

广东省某公司机房项目，技术提供单位为某电气有限公司。

（1）用户用能情况：设计年用电量600万kW·h，实际运行年用电量581万kW·h。

（2）实施内容及周期：换用4台能效1级敞开式立体卷铁心干式变压器进行节能改造。实施周期为2个月。

（3）节能减排效果及投资回收期：改造完成后，4台敞开式立体卷铁心干式变压器基本处于满负荷运行，据测算，节能量为7万kW·h/a。

3.6　10kV交流输入的直流不间断电源系统

3.6.1　功能特点

（1）将供配电链路整合为1套交流输入的直流不间断电源系统，简化配电链路。

（2）将整流模块优化为三相不控整流和调压两个环节，减少功率变换环节和器件。

3.6.2　技术原理

该技术包含了供配电链路四合一技术和整流模块拓扑五变二技术，简化配电链路，并减少功率变换环节和器件，提高了链路的供电效率，减少配电系统66%冗余。

3.6.3　节能降碳相关技术指标

（1）电源整机效率为97.50%。

（2）电源模块最大功率为30kW。

（3）功率密度为3.60W/cm^3。

3.6.4　应用案例

某公司某数据中心项目，技术提供单位为某云计算有限公司。

（1）用户用能情况：该项目为新建项目。

（2）实施内容及周期：为机房布置服务器配电系统和辅助配电系统。实施周期12个月。

（3）节能减排效果及投资回收期：经测算，节能量为851kW·h/a。

3.7　模块化不间断电源

3.7.1　功能特点

（1）较传统塔式不间断电源，维护更简单。

（2）结构更加紧凑，较传统不间断电源节省50%占地面积。

（3）具备故障预警功能。

3.7.2　技术原理

该电源采用模块化及三电平拓扑设计、控制策略优化技术，每个功率模块均有独立的整流器和逆变器单元，可插入不间断电源机架中独立工作和并联工作。通过设计不同规格的机架，利用多个功率模块并联实现不同功率输出，为信息设备提供电源保障。

3.7.3　节能降碳相关技术指标

（1）模块化不间断电源在线模式效率最高约为97%；当为10%负载时效率约为95%。

（2）模块化不间断电源智能在线模式效率最高约为99%；当为10%负载时效率约为97%。

（3）休眠模式下，模块化不间断电源在10%负载时在线模式效率约为96%；智能在线模式效率约为98%。

3.7.4　应用案例

天津市某数据中心项目改造项目，技术提供单位为某技术有限公司。

（1）用户用能情况：天津某数据中心规划建设3座满足T3等级的数据中心，共7 500个机柜，其中一期为3 000个机柜。

（2）实施内容及周期：采用模块化不间断电源，配置容量20MV·A。实施周期为2个月。

（3）节能减排效果及投资回收期：改造完成后，根据测试，系统效率约为97%，节能量为20万kW·h/a。

3.8　智融电力模块

3.8.1　功能特点

（1）内置高效模块化不间断电源，采用铜排预制缩短供电链路，可降低能源消耗。

（2）采用高密度不间断电源和开创式融合架构设计，节约占地面积。

（3）通过模块化设计降低交付难度和缩短交付时间。

3.8.2　技术原理

智融电力模块是基于不间断电源的一体化供配电方案，采用开创式融合架构设计和内置高效模块化不间断电源，采用铜排预制缩短供电链路，可降低能耗，节约占地面积，同时通过模块化设计降低交付难度。

3.8.3　节能降碳相关技术指标

（1）节省占地面积40%。

（2）链路效率为97.80%。

（3）交付时间由2月缩短至2周。

（4）核心部件设为热插拔，易维护。

3.8.4　应用案例

某数据中心项目，技术提供单位为华为技术有限公司。

（1）用户用能情况：该项目为新建项目。

（2）实施内容及周期：新建1.6MW的电力模块共10套，安装14台房间级精密空调NetCol8000-C130U，276台行级精密空调NetCol5000C，1000IT机柜等。实施周期为10个月。

（3）节能减排效果及投资回收期：改造完成后，与传统供配电系统相比，电力模块链路效率可以提高到97.8%，按1 000柜IT容量为8M、80%的负载率计算，节能量为267万kW·h/a。

第4章 数据中心高效系统集成技术

4.1 综述

模块化数据中心集成了制冷系统、配电系统、机柜系统、密闭通道、监控系统、综合布线、消防等系统于一体，采用模块化的部件和统一的接口标准，实现了供电、制冷和管理组件的无缝集成。各功能组件均实现工厂预制、现场积木式拼装，部署快速简单，缩短设计中心的建设周期，并且扩容方便。

4.2 预制模块化数据中心解决方案

4.2.1 功能特点

（1）采用模块化设计，施工周期短，工厂预制调试，4个月即可完成大机电交付。

（2）框架整体焊接成型，防水、抗震、耐火。

4.2.2 技术原理

该技术基于模块化、预制化的设计理念，方案包含预制全模块解决方案和集装箱模块化解决方案，覆盖楼宇、钢构、室外等不同的应用场景。预制全模块解决方案可将机架模块化延伸到暖通、配电、管控、办公等各专业系统，对各个子系统进行重构，形成标准化产品，把数据中心分为多个功能模块，进行现场快速拼装，建成完整数据中心。集装箱模块化解决方案是以集装箱为基本结构单元，设计多种不同功能集装箱，通过搭积木的方式实现数据中心模块化配置及快速建设，可将数据中心的构建手段从工程化转变为产品化、标准化。

4.2.3　节能降碳相关技术指标

（1）电能利用比值可接近1.20。

（2）防水等级为IP55。

（3）综合节能率为30%。

4.2.4　应用案例

广东省某互联网云数据中心项目，技术提供单位为某通信股份有限公司。

（1）用户用能情况：该项目为新建项目，设计建设机柜1 080台。

（2）实施内容及周期：根据客户需求，采用模块化设计，实现快速部署。实施周期为4.5个月。

（3）节能减排效果及投资回收期：经测算，电能利用比值为1.25，共1 080个机柜，平均功耗为7.20kW。与传统风冷电能使用效率1.50相比，节能量为1 702万kW·h/a。

4.3　模块化数据中心（微模块）

4.3.1　功能特点

（1）智能监控系统可控制不间断电源工作模式，保持较高的工作效率。

（2）对平台供配电系统进行实时自适应控制，进行精细化管理，有效提高微模块系统能源利用效率。

（3）运用可视化电池健康度管理技术，展示电池组电池健康状态，展示电池组告警频发事件、告警频发电池。

4.3.2　技术原理

模块化数据中心供配电系统采用MR系列产品，采用"端到端"智能化供配电系统监控技术方案，集成高效能不间断电源及精密配电系统，可实现双总线、双冗余、双备份的供电解决方案，为数据中心提供高效、可靠的能源供给和分配，同时模块化设计便于容量扩展。

4.3.3 节能降碳相关技术指标

（1）模块最大功率为120千瓦。

（2）电能利用比值可接近1.20。

（3）最大制冷功率为35kW。

4.3.4 应用案例

广东省某数据中心建设项目，技术提供单位为某数据股份有限公司。

（1）用户用能情况：该项目为新建项目，设计机柜数量2 000台，单柜负载6.50kW。

（2）实施内容及周期：采用微模块数据中心进行建设，微模块电能利用比值为1.23。实施周期为9个月。

（3）节能减排效果及投资回收期：改造完成后，电能利用比值为1.23，与普通服务器电能利用比值1.50相比，节能量为3 074万kW·h/a。投资回收期约7年。

4.4 高效智能微模块数据中心

4.4.1 功能特点

（1）配电子系统支持2N/N+1等多种配电架构，满足A/B/C不同等级数据中心要求。

（2）采用模块化设计理念和动力环境监控技术，快速按需部署，灵活扩容。

（3）微模块整体通过9级抗震性能测试。

4.4.2 技术原理

该技术集IT机柜、制冷、不间断电源、消防、照明、监控、布线、安防等功能模块于一体，其制冷模块采用全变频智慧氟泵节能精密空调，配电模块采用超高频高效大功率模块化UPS，各大模块通过简单的拼装、连接，即可实现微模块的整体交付，缩短施工周期。

4.4.3　节能降碳相关技术指标

（1）整机系统最高效率为97%。

（2）输入电流谐波系数为1.80%。

（3）输出电压波形失真度为1.30%。

（4）电能利用比值可接近1.20。

4.4.4　应用案例

河南省某数据中心项目，技术提供单位为深圳某科技股份有限公司。

（1）用户用能情况：该项目为新建项目，IT总功耗设计约600kW。

（2）实施内容及周期：配置3套微模块，104个机柜，单个机柜功率6kW，每个微模块均采用列间氟泵精密空调，和大功率模块化UPS。实施周期为10个月。

（3）节能减排效果及投资回收期：改造完成后，实际电能利用比值在1.30以下，与传统机房布局方案相比，节能量为9万kW·h/a。

4.5　数据中心智能化行级模块

4.5.1　功能特点

（1）行模块制冷末端安装在机柜后门位置，更靠近热源，缩短气流组织路径，提高效率。

（2）实现机柜级的微环境监控，使空调系统能够实时响应机柜负载的变化，进一步提升能效。

4.5.2　技术原理

该模块采用工厂预制的方式将机柜、空调、配电及桥架整合起来，采用专用空调系统，通过重力热管循环系统，结合智能控制系统，针对每一个机柜的配电、空调、机柜的微环境等进行监控，实现机柜级的"冷电联动"控制，优化电能利用比值。

4.5.3 节能降碳相关技术指标

（1）电能利用比值可接近1.20。

（2）机房层高要求为3.50m。

4.5.4 应用案例

北京市某单位机房改造项目，技术提供单位为北京某科技产业集团有限公司。

（1）用户用能情况：旧机房层高有限，面积较小，部署机柜40台，部署机柜67台，总体电能利用比值为1.8。

（2）实施内容及周期：对机房使用行级模块产品进行改造升级，包括机柜、空调、配电母线、顶置交换机柜、桥架、底座及智能监控系统等。实施周期为1个月。

（3）节能减排效果及投资回收期：改造前机房总体电能利用比值为1.80，改造后根据实际运行统计，节电率达到30%，相比原机房节能量为180万kW·h/a。投资回收期约3年。

4.6 智能微模块

4.6.1 功能特点

（1）通过微模块管理系统的人脸识别系统，可实现权限分配和无感开门，显著提升运维效率和客户体验。

（2）采用智能供配电技术，可对供配电全链路进行检测，做到可视可管。

（3）采用智能温控方案有效降低温控系统能耗，并通过人工智能（AI）技术智能控制，消除机房热点，确保机房温度场稳定。

4.6.2 技术原理

智能微模块采用模块化设计，将供配电、温控、机柜通道、布线、监控等集成在一个模块内，可满足快速交付、按需部署的需求。与此同时，智能微模块通过i3智能管理系统，全面提升供电、温控系统可靠性、节能性，并通过预警收敛定位、故障自隔离、资产自动化管理，提高运维效率。

4.6.3 节能降碳相关技术指标

（1）节约业务上线时间40%～50%。

（2）弹性扩容，可按需分期部署，降低初始投资成本。

（3）年平均电能利用比值可接近1.20。

4.6.4 应用案例

乌兰察布某数据中心改造项目，技术提供单位为某技术有限公司。

（1）用户用能情况：乌兰察布某数据中心规划建造1 500个机柜，IT负载总计8 700kW，单机柜平均功率6kW。

（2）实施内容及周期：机柜配备智能微模块及高效模块化UPS、NetEco智能管理平台等，微模块整体采用保温、防水、防尘、防冲击设计。实施周期为5个月。

（3）节能减排效果及投资回收期：改造完成后，根据测试，该数据中心电能利用比值为1.15。项目共计负载8 700kW，按照正常运行负载率60%计算，节能量为503万kW·h/a。

第5章 数据中心智能化运维管理技术

5.1 综述

随着计算机通信技术的高速发展，不断扩张的数据中心与有限的人力资源矛盾逐渐凸显。在之前分散的环境中，系统的架构比较简单，许多管理、配置以及操作还停留在人工阶段。当所有系统集中在数据中心之后，整个数据中心架构变得异常复杂，任何一个简单的操作，可能都会涉及成百上千台的机器以及不同的应用系统，这时候整个系统对高可靠性、持续运转的要求越来越高，每一个设备的资源信息，包括配置信息、使用情况信息就变得非常重要。所以发展智能控制及运维管理技术的必要性越来越高。

5.2 结合人工智能（AI）的DCIM数据中心智能管理系统

5.2.1 功能特点

（1）实现数据中心逐级视觉管理，节省50%运维工时；

（2）结合人工智能深度学习，适配多种制冷系统。

5.2.2 技术原理

该技术由数据感知、数据采集、数据传输、数据处理、数据显示五部分组成，采用微服务架构，以能效管理、资源管理、资产管理、告警管理、巡检管理等模块化功能为核心，通过对数据中心基础设施的监测、管理和优化，将运营管理和运维管理有机融合，提供数据中心全生命周期管理，结合人工智能，实现电能利用比值最低化。

5.2.3　节能降碳相关技术指标

（1）系统自主寻优，节能率为8%。

（2）平均故障间隔时间>20 000h。

（3）系统界面响应时间<0.5h。

5.2.4　应用案例

江苏省某制造基地数据中心建设项目，技术提供单位为某通信股份有限公司。

（1）用户用能情况：该项目涵盖机柜692个，其中18kW机柜64个，7.50kW机柜628个，需要建设统一智能管理系统，对数据中心全部基础设施进行管理。

（2）实施内容及周期：建设智能化数据中心管理系统，其中包括可视化管理系统、告警管理系统、资源管理系统、结合人工智能的精细化能效管理系统、资产管理系统、运维管理系统、报表管理系统等。实施周期为6个月。

（3）节能减排效果及投资回收期：经测算，项目综合节能率为8%，节能量为392万kW·h/a。投资回收期约2年。

5.3　智慧运营管理平台

5.3.1　功能特点

（1）根据实时环境数据与末端负载数据计算所需的冷量，提升电能使用效率。

（2）通过对数据中心历史数据的自动学习、训练，生成能效预测模型，保证能效方案的评估精度。

5.3.2　技术原理

数据中心智慧运营管理平台通过统一平台管理数据中心的动力系统、环境系统、安防系统、配电系统、暖通系统、消防系统及服务器等基础设施，并通过对数据的分析和聚合，最大程度提升数据中心的运营效率与可靠性。

5.3.3 节能降碳相关技术指标

（1）单台服务器测点数量为100万个。

（2）告警准确性>99.90%。

（3）平均故障间隔时间>20 000h。

5.3.4 应用案例

北京市某数据中心项目，技术提供单位为某数据股份有限公司。

（1）用户用能情况：项目规划建设4 000个机柜，设计电能利用比值不高于1.50，项目设计耗能7 000万kW·h/a。

（2）实施内容及周期：为数据中心建设智慧运营管理平台。实施周期为10个月。

（3）节能减排效果及投资回收期：经测算，平台上线后可节约电能2%，节能量为140万kW·h/a。投资回收期约1年。

5.4 基于人工智能（AI）的数据中心运维管理系统

5.4.1 功能特点

（1）支持机房节能相关静态数据45个有效字段、动态数据49个关键字段的数据采集、分析。

（2）定制化节能策略制定，支持水冷末端空调、水冷主机、风冷变频、非变频空调等设备类型策略10余项。

5.4.2 技术原理

该系统具有多种节能控制策略类型，通过对机房能耗、温度、末端空调及水冷主机运行参数等数据进行采集、处理、分析，形成机房运行特征图谱，依托大数据技术及人工智能算法输出制冷系统节能控制策略，提升制冷效率，并通过实时监控实现故障情况自动报警。

5.4.3 节能降碳相关技术指标

（1）单机房制冷系统节能率为20%～50%。

（2）机房总体节能率为5%～8%。

5.4.4 应用案例

某运营商某基地改造项目，技术提供单位为中国某数字智能科技分公司。

（1）用户用能情况：末端精密空调风机长期在80%～100%的工况下运行，导致末端风量偏大，温差偏小，能效低。

（2）实施内容及周期：部署数据中心运维管理系统，针对该项目基地1#、2#楼共41个机房的制冷系统空调末端进行控制。实施周期为1个月。

（3）节能减排效果及投资回收期：改造完成后，据电表统计，节能率21.3%，节能量为182万kW·h/a。投资回收期约3年。

5.5 制冷系统智能控制系统

5.5.1 功能特点

（1）可覆盖多种制冷场景。

（2）支持小样本学习和冷启动。

（3）可实现智能化实时闭环调控。

5.5.2 技术原理

该系统采集冷冻站、末端空调及IT负载等系统的相关运行参数，运用自动化治理工具，对参数进行降维、降噪、清洗等处理后经专用工具对治理完成后的表格进行相关性分析，找出与电能利用比值相关的关键参数，利用人工智能（AI）技术，通过对制冷系统各参数自动调节实现制冷系统能效优化。

5.5.3　节能降碳相关技术指标

（1）实时运行数据采集周期为5分钟/次。

（2）电能利用比值模型精度高达99.50%。

（3）电能利用比值降低8%～15%。

5.5.4　应用案例

华北某数据中心新建项目，技术提供单位为某技术有限公司。

（1）用户用能情况：该项目为新建项目，共分四期建设，总共5 000机柜，单柜功率8kW，负载率70%。

（2）实施内容及周期：新建制冷系统智能控制系统及相关设施。实施周期10个月。

（3）节能减排效果及投资回收期：改造完成后，根据测试，该数据中心电能利用比值从1.42降到1.26，节能量为2 764万kW·h/a。投资回收期约2年。

第6章 数据中心信息设备节能技术

6.1 综述

数据处理设备是数据中心的核心，用于对大量的原始数据或资料进行录入、编辑、汇总、计算、分析、预测、存储管理等操作，从大量的、杂乱无章的、难以理解的数据中抽取出相对有价值、有意义的数据。同时信息处理设备也是数据中心用能的主要部分，占数据中心总用能的一半甚至三分之二以上。

6.2 高功率风冷集成散热技术

6.2.1 功能特点

（1）在同等常温散热条件下，芯片计算能力可提高10%。

（2）在同等算力输出情况下，使用环境温度较行业平均提高5℃左右。

6.2.2 技术原理

该技术采用一体化高通风率线缆背板设计、高压异形对旋风扇、连体真空腔均热板（VC）散热器技术、高密度高效电源系统设计，实现高功率密度服务器产品的高散热性能，提升服务器整体能效水平。

6.2.3 节能降碳相关技术指标

（1）通风量提升10%。

（2）处理器散热器宽度提升50%。

6.2.4　应用案例

某运营商私有云资源池项目，技术提供单位为某数字技术有限公司。

（1）用户用能情况：该项目为新建项目。

（2）实施内容及周期：采购部署5台应用高功率风冷集成散热节能服务器技术的FusionServer X6000高密服务器。实施周期为1个月。

（3）节能减排效果及投资回收期：相较传统服务器，使用空间节省50%，能效提高10%，节能量为2万kW·h/a。

6.3　液冷整机柜

6.3.1　功能特点

（1）实现整机柜全液冷一体化设计。

（2）液冷及高可靠漏液检测和隔离技术。

6.3.2　技术原理

该技术包含液冷技术、能效管理技术、整机柜电源技术、布线优化技术，通过优化机柜电源布局架构、电源模块集中供电，电池进机柜分布式备电，降低供配电过程中能耗损失。电源模块内置双输入切换功能，将电源模块置于最优工作效率区间，提升电源效率。

6.3.3　节能降碳相关技术指标

（1）整体供电能效为93%。

（2）最低电能利用比值约1.14。

6.3.4　应用案例

某公司数据中心建设项目，技术提供单位为某数字技术有限公司。

（1）用户用能情况：采用风冷技术，电能利用比值超过1.35，且机房送风量有限，制约机柜利用率；数据中心供电和制冷设备占据机房较大面积，降低机房出柜率；柜内部件多，走线多且复杂，增加服务器部署与运维困难度。

（2）实施内容及周期：部署400柜FusionPoD液冷整机柜服务器进行改造。实施周期为6个月。

（3）节能减排效果及投资回收期：数据中心电能利用比值从1.35降到1.15，节能量为4 822万kW·h/a。

6.4　能效动态优化技术

6.4.1　功能特点

（1）通过软件控制，使服务器内部的各部件达到自身能效最低。

（2）可基于实际运行状态，动态调节到合适的工作模式，达到服务器使用能效最优。

（3）服务器配合数据中心智能管理软件，为数据中心用户提供智能节能管理功能，实现数据中心级能效动态调优。

6.4.2　技术原理

该技术由部件能效寻优技术、整机能效寻优技术和数据中心能效寻优技术组成，部件可以根据负载状态动态调整自身参数，达到各部件自身能效最优，同时可以根据业务实现工作模式动态调整，自动一键配置所有基本输入输出系统参数，使整机能效最优，最后配合服务器协同网管人工智能，实现数据中心制冷和业务联动，达到数据中心能效最优。能效可动态优化的服务器技术框架如图6-1所示。

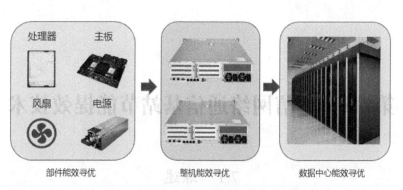

图 6-1 能效可动态优化的服务器技术框架图

6.4.3 节能降碳相关技术指标

系统综合能效提升10%以上。

6.4.4 应用案例

某运营商网络数据中心扩容项目，技术提供单位为某数字技术有限公司。

（1）用户用能情况：该项目为新建项目。

（2）实施内容及周期：部署698台应用能效可动态优化技术的服务器产品FusionServer 5288。实施周期为1个月。

（3）节能减排效果及投资回收期：改造完成后，经测算，该项目综合能效提升10%，节能量为37万kW·h/a。

第7章 通信网络通信基站节能提效技术

7.1 综述

通信业用能主体主要包括通信基站和通信机房。采用高制程芯片、利用氮化镓功放等提升设备整体能效的硬件节能技术，液体冷却、自然冷源等新型散热技术，智能符号静默、通道静默等软件节能技术，室外小型智能化电源系统，结合市电情况优化备电蓄电池配置等是通信基站领域节能技术发展方向。

7.2 超大规模天线阵列技术

7.2.1 功能特点

该技术通过增大主设备（AAU）发射功率提升下行覆盖，通过提升天线阵列数量，在不增加功率的情况下，提升覆盖效果。

7.2.2 技术原理

系统采用超大规模天线阵列算法、跨代数模混合波束管理技术、超高系统集成架构技术，运用超低插损馈电网络、数字移相器等提高天线阵子数，提升垂直维度的覆盖范围，实现覆盖和能效突破创新，同时提升小区上下行覆盖与边缘用户平均体验，所需站点更少，从而降低基站能耗。

7.2.3 节能降碳相关技术指标

（1）功耗为490W。

（2）发射功率为320W。

7.2.4 应用案例

某运营商2022年第五代移动通信建设项目，技术提供单位为某技术有限公司。

（1）用户用能情况：该项目为新建项目。

（2）实施内容及周期：采用绿色超大规模天线阵列Massive MIMO产品，在乡镇、农村等大站间距场景，建设500个室外宏站。实施周期为7个月。

（3）节能减排效果及投资回收期：改造完成后，经测算，较传统设备，1 500片AAU节省用电量118万kW·h/a。

7.3 通信站点综合节能技术——智能储能系统

7.3.1 功能特点

（1）智能锂电内置合路功能，不因偏流环流而影响电池寿命。

（2）通过智能锂电池管理系统，将输出端口电压稳定至57 V，不随放电而降低线缆损耗。

（3）在谷电价时充电存储电量，峰电价时释放电量，并通过人工智能技术智能调整锂电充放电深度及时长，保障站点备电。

（4）内置蜂鸣器，陀螺仪，全球定位系统，当锂电发生位移或加速度超过设定值时，触发蜂鸣告警，同时被盗信息上报云，云下发软件指令，将锂电池放电功能锁定，同时定位系统会上报锂电被盗后的位置信息，便于追回，实现云防盗。

7.3.2 技术原理

系统采用电力电子技术、物联网技术、云计算平台管理系统技术，为通信站点提供可靠电源备份。云平台管理系统通过数字化连接技术与智能储能锂电池智能协同，进行储能数据的数据采集与智能分析，实现云平台管理系统管理智能储能锂电池和铅酸电池或旧锂电池的混合搭配使用，管理锂电池的升压参数，在不换现有线缆情况下实现远端负载用电电压范围满足要求、保障锂电池的放电深度与设计匹配、管理锂电池参与电网错峰用电、检测电池在位和位置信息实现防盗、远程进行电源、电池状态和性能的检测、维护等功能，节省投资、节省电费及运维费用。同时智能储能系统拥有三层架构，可在部署不同品牌电源的通信站点中实现智能储能。

7.3.3 节能降碳相关技术指标

（1）充电工作温度为0～45℃。

（2）放电工作温度为-20～45℃。

（3）运输温度为-40～60℃。

（4）仓储温度为0～40℃。

7.3.4 应用案例

某运营商绿色站点改造项目，技术提供单位为某技术有限公司。

（1）用户用能情况：该运营商现网站点采用传统铅酸电池备电，电池维护成本高。

（2）实施内容及周期：将存量铅酸电池升级改造成循环型云锂电池。实施周期为2个月。

（3）节能减排效果及投资回收期：改造完成后，经测算，每个基站每年通过云锂电池的使用，能够带来3 000kW·h时以上绿电消纳，同时带来4 200元左右的收益。投资回收期约2年。

7.4 基于人工智能的多网协作节能管理技术

7.4.1 功能特点

（1）智慧节能平台可实现5min高精度实时唤醒。

（2）引入人工智能预测算法，在业务闲置时段实现主设备智能硬关断，实现节能。

7.4.2　技术原理

该技术利用现网业务规律数据，引入人工智能算法，预测24h业务走势，分时关闭超闲容量层，在保障网络感知同时实现节能。在业务闲置时段实现主设备智能硬关断，实现一站一策、软硬一体化节能。

7.4.3　节能降碳相关技术指标

（1）单站节能效率为15%～32%。

（2）无线基站人工智能节能策略精准度>98%。

7.4.4　应用案例

某通信运营商节能项目，技术提供单位为某通信集团江苏有限公司。

（1）用户用能情况：基于传统的第四/五代移动通信小区智慧节能系统利用率低、能耗高，多厂家设备管控困难。

（2）实施内容及周期：获取能耗采集数据和网管节能数据等，搭建能耗评估管理体系。实施周期为2个月。

（3）节能减排效果及投资回收期：改造完成后，据统计，该项目节能量为17 170万kW·h/a。投资回收期约1年。

7.5　基于无线网的综合网络能效提升管理系统

7.5.1　功能特点

（1）采用人工智能算法对载波关断后的用户感知进行预测，确保用户感知不下降。

（2）通过同一射频模块通道内多个载波之间功率共享技术，使占用满带宽且仍有数据需调度的载波可以瞬时使用空闲载波的功率，突破小区静态功率配置的限制，整体设备效能提升大于50%。

7.5.2　技术原理

在不影响用户感知前提下，引入人工智能算法，通过智能关断、载波功率动态共享和无线软资源动态调配等方式优化移动通信系统资源利用率。在不影响用户感知的情况下，根据业务量的变化情况进行载波关断，同时无线资源动态调配突破小区静态功率配置的限制，降低网络运行能耗和运营成本。

7.5.3　节能降碳相关技术指标

（1）第四/五代移动通信基站能耗下降≥6%。

（2）无线资源利用率提升≥30%。

（3）第五代移动通信双载波机顶功率使用率提升≥50%。

7.5.4　应用案例

某通信运营商网络节能项目，技术提供单位为中国某通信集团有限公司。

（1）用户用能情况：该项目为新建项目。

（2）实施内容及周期：通过应用多维网络协同节能策略解决方案，在满足用户业务诉求和网络诉求的前提下进行编排优化。实施周期为5个月。

（3）节能减排效果及投资回收期：改造完成后，据测算，基站平均能耗下降57kW·h/m，13个地市涉及5.6万站点，节能量为3 840万kW·h/a。投资回收期约3个月。

7.6　第五代移动通信（5G）基站智能关断控制系统

7.6.1　功能特点

（1）可对每个无线AAU进行小区级精准计量，并进行精准节能效果分析，实现节能效果准确评估。

（2）根据第五代移动通信实时话务分析数据产生的关断策略，实现第五代移动通信无线主设备远程自动开/关节能控制。

7.6.2 技术原理

该系统通过智能化运算业务量、信号覆盖强度等数据，在不影响通信质量前提下，由无线网管系统对符合条件的基站主设备（AAU）进行休眠，并可通过物联网智能开关远程关闭AAU，实现运营商主设备配套电源可管可控，在不降低通信质量的基础上进行断电节能，降低能耗。

7.6.3 节能降碳相关技术指标

（1）设备功率消耗为10W。

（2）电压、电流测量基本误差为1%。

（3）电量计量误差为2%。

（4）基站节能率为6%。

7.6.4 应用案例

重庆市某第五代移动通信设备基站节能项目，技术提供单位为某股份有限公司重庆分公司。

（1）用户用能情况：该项目涉及基站3 000个，每天固定时段对特定基站的主设备进行定时的闭启工作，每个基站夜间低业务量时段休眠后功耗约为450W，未休眠基站功耗为1 680W。

（2）实施内容及周期：将原有普通空开更换为物联网智能开关，配置相关智能开关数据，将智能开关通过物联网模组调试后与后台的智慧能源管理系统接通。实施周期为4个月。

（3）节能减排效果及投资回收期：改造完成后，600个基站主设备具备休眠功能，休眠后功耗150W，节约电量59万kW·h/a，另有2 400个基站主设备不具备休眠功能，节约电量883万kW·h/a，综合节能量为952万kW·h/a。投资回收期约6个月。

7.7 基于机器学习与区块链的基站侧分布式储能系统

7.7.1 功能特点

（1）将机房备用蓄电池作为储能设备，通过数字智能储能控制模块基于基站类、电池类数据结合深度学习算法，精准预测和调控蓄电池充放电时段和时长，执行削峰填谷用电策略，降低电网供电压力，增强电网协调能力。

（2）引入区块链技术，将电费数据实时上链，数字化存储用电数据，调用区块链存证、对账能力，保证数据可追溯、可存取、防篡改。

7.7.2 技术原理

该系统以基站备用电池为储能载体，利用储能算法和智能化储能控制装置，统筹规划储能实施区域，调控储能实施时长，实现设备供电方式分时调控。开展基于区块链的智能合约开发，在用电谷段对储能系统进行充电，在用电峰段放电对设备供电。

7.7.3 节能降碳相关技术指标

（1）储能系统60%放电平均放电时长≥5h。

（2）储能系统100%放电平均放电时长≥7h。

（3）高峰期用电可降低30%。

7.7.4 应用案例

某分布式储能系统通信机房试点项目，技术提供单位为某通信集团重庆有限公司。

（1）用户用能情况：该项目共321个通信基站机房，平均每个机房均配置1组20kW·h的备用电池，通信基站平均功耗约为3kW，平均耗电量约2万kW·h/d。

（2）实施内容及周期：对机房电源系统进行简单改造及调试，接入数字储能平台。实施周期为2个月。

（3）节能减排效果及投资回收期：改造完成后，每个机房平均每天用电高峰期使用储能系统放电时长约7.13h，可节约高峰期用电228万kW·h/a。投资回收期约6个月。

7.8 相控阵可重构智能表面技术

7.8.1 功能特点

（1）不依赖周围环境而实时对入射电磁波进行定向反射、折射或透射，具有强大的覆盖能力。

（2）由大量可编程的人工电磁单元排列组成，通过智能控制电路，实现动态调整电磁波在无线环境的传播；通过编程控制电磁单元，实现三维空间内无线信号传播特性的智能化重构，突破传统无线环境被动适应的局限性。

7.8.2 技术原理

相控阵可重构智能表面由金属、介质和可调元件构成，其中每个单元均具有集成调相和辐射功能，主控芯片控制电路板对表面单元上集成的二极管进行数字控制，当电磁波照射整个表面时，通过控制每个单元的相位实现波束聚焦和扫描，实现智能重构无线传输环境，降低基站耗电，大幅度提高传输距离。

7.8.3 节能降碳相关技术指标

（1）天线聚焦性能提升100倍以上，功耗降低60%以上。

（2）平面结构厚度为4.5mm。

（3）响应时间为2us；捷变速度为50万次/秒。

（4）野外环境下综合能耗可降为传统第五代移动通信技术1/26.6。

7.8.4 应用案例

云南省输电线路补盲项目，技术提供单位为某电信股份有限公司云南分公司。

（1）用户用能情况：输电线路10km处于深山盲区，环境恶劣，故障定位慢、管理难度大、人工成本高、巡检周期长，安全事故频发。

（2）实施内容及周期：开展第五代无线通技术+相控阵可重构智能表面试点建设工作，实现无人区电网输电监控。实施周期约20个月。

（3）节能减排效果及投资回收期：改造完成后，实现覆盖距离达100km，相控阵可重构智能表面耗电仅为36W，节能量为19万kW·h/a。

7.9　具有能耗管理功能的户外一体化电源柜

7.9.1　功能特点

（1）具有分级负荷控制功能，实时采集并传输相应数据，同时可以远程控制主动丢弃非必要负荷，实现对所有分路的独立开启/关断控制。

（2）具有不间断换电功能，换电过程不影响负载工作，新旧电池无环流，解决电池防逆流和电池正常充放电问题。

7.9.2　技术原理

配电单元将市电输入转换成直流输出，管控单元对所有分路负载进行远程独立开启/关断控制，负荷低峰时段自动关断部分负载实现节能，不间断换电单元实现蓄电池热插拔更换，换电过程中对负载供电不中断。

7.9.3　节能降碳相关技术指标

（1）单站节能率为8%。

（2）换电过程负载不断电。

7.9.4　应用案例

某无线网工程户外一体化电源柜建设项目，技术提供单位为某股份有限公司四川分公司。

（1）用户用能情况：运营商基站应用传统机柜，不具备负载远程控制能力，无法实现基站低负荷时段远程开启/关断，且不具备换电功能，停电后需采用柴油发电机发电。

（2）实施内容及周期：使用具有能耗管理功能的户外一体化电源柜替代传统基带处理单元机柜作为基站配套的电源柜，并配合安装节能平台。实施周期为10个月。

（3）节能减排效果及投资回收期：改造完成后，据测算，单点位能耗降低8%，可节约柴油2 480L/a，节约电量23万kW·h/a。投资回收期约6年。

7.10　通信基站直发直供型光储一体解决方案

7.10.1　功能特点

（1）利用光伏组件发出直流电经稳压后就地消纳，供基站直流负载使用，利用效率高。

（2）利用"谷充峰放"原理，且光伏与储能输出均为直流供电，无交流/直流转换过程，提升电能利用率。

7.10.2　技术原理

光伏采用"直发直供，就地消纳"工作模式，储能采用"智能并联，升压放电"工作模式。光伏适配器采用母排电压跟随机制，输出电压始终高于开关电源输出电压1V，优先给直流负载供电，就地完全消纳光伏发电电量。

7.10.3　节能降碳相关技术指标

（1）负载设备平均功率≥3kW。

（2）太阳能利用效率>95%。

（3）储能系统电池容量配置>3h。

（4）与传统光伏技术相比，建设时间缩短50%。

（5）减少"交转直"损耗6%～10%。

7.10.4　应用案例

某光伏新能源合作服务项目，技术提供单位为某铁塔股份有限公司浙江省分公司。

（1）用户用能情况：该项目具有1.15万个机房顶和6 900个机柜顶。

（2）实施内容及周期：采用"直发直供，光储一体"技术，在机房站点顶和室外机柜站点顶引入光伏系统，光伏装机规模约62MW。实施周期为10个月。

（3）节能减排效果及投资回收期：改造完成后，改善能源结构，无烟尘、二氧化硫、氮氧化合物和其他有害物质排放，提升机房电能利用比值，节能量为6 000万kW·h/a。

7.11 基于人工智能（AI）的移动通信基站节能管理技术

7.11.1 功能特点

（1）可实现设备基础能耗回溯，提高能耗测算准确率达98%，降低常规测算成本及工作量。

（2）可实现节能指令自动下发、业务数据质量自动监测，通过无线网智慧节能平台进行节能分析、决策、实施、评估等全流程自动化、智能化管理。

7.11.2 技术原理

该技术通过对用户话务潮汐、手机上报信号测量报告、基站重叠覆盖等数据进行采集、处理、分析，提取移动通信基站小区级特征，依托大数据技术及人工智能算法输出每个基站小时级节能控制策略，并自动完成节能前后能耗评估，实现网络节能自动化运行。

7.11.3 节能降碳相关技术指标

（1）第五代移动通信节能效率>16%。

（2）第四代移动通信节能效率>12%。

（2）平均休眠/关断节能生效比例>45%。

（3）平均节能生效时长>4h。

7.11.4 应用案例

某智慧节能技术项目，技术提供单位为中国某股份有限公司广东分公司。

（1）用户用能情况：该运营商网络规模庞大，移动通信网能耗占比超35%，造成严峻的运营成本压力。

（2）实施内容及周期：采集网络运行数据，通过节能算法模型分析，输出多层网络精细化场景进阶节能方案，完成基站节能技术集中部署。实施周期为9个月。

（3）节能减排效果及投资回收期：改造完成后，第五代移动通信小区部署占比为100%，生效占比为50.8%，综合节能效率为16.9%；第四代移动通信小区部署占比为74.7%，生效占比为32%，综合节能效率12.7%，项目节能量为1亿kW·h/a。投资回收期为2年。

第8章 通信网络小型基站机房节能提效技术

8.1 综述

通信业用能主体主要包括通信基站和通信机房。机房冷热通道隔离、微模块、整机柜服务器、机房机柜一体化集成技术等技术，以及新风、热交换、热管技术等自然冷源利用技术是通信机房节能技术发展方向。

8.2 智能站点电源

8.2.1 功能特点

（1）采用高密高效、全模块化设计技术，搭配高密智能锂电，可实现整站高密部署；

（2）实现能源多输入输出，且单套电源可支持通信设备融合供备电，支持平滑叠光，降低市电消耗。

8.2.2 技术原理

智能站点电源采用高密高效、全模块化设计技术，搭配高密智能锂电，可实现整站高密部署；集成新型石墨间隙浪涌保护器、稀土永磁接触器、热插拔式智能空开，可支持通信设备融合供备电、精准计量、远程通断，满足第五代移动通信时代站点差异化供备电、计量的需求。

8.2.3 节能降碳相关技术指标

（1）整流效率为8%。

（2）集成智能空开，单路负载可管可控，实现精细负载管理。

8.2.4　应用案例

贵州省某站点改造项目，技术提供单位为某技术有限公司。

（1）用户用能情况：站点由3个机柜组成，占地面积大，设备效率低，运维费用高。

（2）实施内容及周期：采用智能站点电源（iSitePower）解决方案进行改造，移除原站老旧机柜，将柜内通信主设备集成在一体化室外柜中，安装塔上太阳能板等设备并接入系统。实施周期为10天。

（3）节能减排效果及投资回收期：改造完成后，站点三柜变一柜，占地面积减少67%，节能量为2万kW·h/a。

8.3　通信站点综合节能技术——室内机房电源技术

8.3.1　功能特点

该技术采用独特"温供备一体化"设计，有效改善设备收容难点和温控瓶颈，可提升制冷效率，提高站点能效。

8.3.2　技术原理

该技术采用独特"温供备一体化"设计，密闭式精准温控，提升制冷效率；同时，可调温控组件设计助力改善风道方向、消除局部热点，实现冷量高度共享；同时支持配合网管系统智能联动，实现节能。

8.3.3　节能降碳相关技术指标

（1）单柜最高制冷能力为10kW。

（2）站点能源效率（SEE）为75%。

（2）占地面积减少75%。

8.3.4　应用案例

某运营商站点机房改造项目，技术提供单位为某技术有限公司。

（1）用户用能情况：地铁站现有机房难以满足业务扩容需求，机房效率低于60%。

（2）实施内容及周期：采用封闭柜解决方案进行改造，安装室内封闭柜2台、600 A智能电源1台及400 A h安时智能锂电（100Ah锂电共计4块）。实施周期为1天。

（3）节能减排效果及投资回收期：改造完成后，实现2柜代替8柜极简改造，经测算，站点能效提升25%，单站节能量为2万kW·h/a。投资回收期约2年。

8.4　基于深度强化学习的无线网络节能管理系统

8.4.1　功能特点

（1）智慧节能终端具备高扩展性、多场景适配性、异常问题处理及云边管控机制融合的高稳定性、安全性。

（2）系统融入了卷积神经网络、递归神经网络、深度神经网络等模型算法，智能化程度高。

8.4.2　技术原理

系统面向单位信息流能耗评测及能量流建模，通过对网络结构、能量流、业务流、覆盖场景及用户感知等深度学习，实时预测业务/能耗潮汐效应长短期变化，输出节能策略，同时系统与现网指令/大数据平台对接执行软硬联动节能。

8.4.3　节能降碳相关技术指标

（1）无线基站节电率为30%～40%。

（2）机房综合节能效果为10%～15%。

8.4.4 应用案例

东南某省无线基站智慧能耗节能服务项目，技术提供单位为某信息技术有限公司。

（1）用户用能情况：东南某省拥有超过120万网络小区，日服务客户超过1.1亿，单个第五代移动通信基站一天耗电量达50kW·h。

（2）实施内容及周期：依据项目实际网络环境及能效提升要求，提供3.1万套适合多场景、多形态的智慧节能硬件终端及人工智能数智算法及策略系统。实施周期为4个月。

（3）节能减排效果及投资回收期：改造完成后，3.1万个第五代移动通信网络小区及环控设备年节电率达到40%，节能量为6 789万kW·h/a。投资回收期约10个月。

8.5 通信基站自驱型回路热管散热系统

8.5.1 功能特点

（1）通信基站自驱型回路热管散热系统在室内外空气温差驱动下充分利用自然冷源，高效换热，且不引入水汽粉尘，有效隔离室外污染源。

（2）全铝一体式结构与成形工艺，紧凑度高，质量轻。

（3）可实现高维散热器风机智能调速。

8.5.2 技术原理

散热系统在基站室内外小温差驱动下利用室外自然冷源降低室内温度。智能控制系统依托机器学习技术及自适应控制算法，实现散热系统与原有空调联动运行和平滑切换，充分利用自然冷源。

8.5.3 节能降碳相关技术指标

（1）平均节电率≥70%。

（2）能效比（EER）≥16。

（3）名义工况性能系数（COP）≥15。

8.5.4　应用案例

广西壮族自治区某大学基站项目，技术提供单位为广西某科技有限公司。

（1）用户用能情况：基站内通信设备功率8kW，采用空调系统温控，两台空调系统功率为3 650W，耗电量高。

（2）实施内容及周期：采用通信基站自驱型回路热管散热系统进行节能改造。实施周期为个月。

（3）节能减排效果及投资回收期：改造完成后，基站温控系统节电率达到79%，节能量为1万kW·h/a。投资回收期约2年。

8.6　喷淋液冷型模块化机柜

8.6.1　功能特点

（1）芯片运行不受风扇振动影响，冷却液覆盖服务器内元器件表面，有效隔离空气，设备对外部环境要求低，安全性、稳定性、适用性更高。

（2）支持机柜单排或双排布置，灵活选择，模块拼装，满足扩容需求。

8.6.2　技术原理

该模块化机柜采用模块化、一体式设计，冷却系统主要由冷却塔、液冷中央处理单元、液冷喷淋机柜等构成。工作时低温冷却液通过喷淋芯片等发热单元带走热量，喷淋后所形成高温冷却液返回液冷中央处理单元与冷却水换热处理为低温冷却液后再次进行喷淋，冷却液全程无相变。

8.6.3　节能降碳相关技术指标

（1）最低电能利用比值为1.10。

（2）单机架功率为56kW。

8.6.4 应用案例

某公司高性能机房项目，技术提供单位为广东某有限公司。

（1）用户用能情况：该项目为新建项目。新建100个喷淋液冷机柜，单台服务器功率达7kW，单柜功率达21kW。

（2）实施内容及周期：采用喷淋液冷和单相浸没液冷散热解决方案，单柜采用3个相互独立插框式服务器结构设计，支持信息设备满负荷运行，同时提供液冷全套设备及服务。实施周期为2个月。

（3）节能减排效果及投资回收期：改造完成后，新系统拆除了原风冷系统中冷冻机、水泵、蓄冷罐等设备，节约占地面积80%，液冷系统电能利用比值约1.10，节能量为174万kW·h/a。

8.7 浸没式液冷型基带处理单元（BBU）机柜

8.7.1 功能特点

（1）相比风冷，环境温度场更稳定、更均匀，消除热点，有效提升设备稳定性、使用寿命及系统可靠性。

（2）冷却液的储热能力是空气的1 000倍，传热速度是空气的6倍，具有更高功率密度，节省大量占地空间。

（3）基站用电总容量降低35%。

8.7.2 技术原理

将无线网接入设备完全浸没在绝缘冷却液中，通过冷却液流动，将发热元器件热量带走，通过换热系统将热量传递至冷却塔或干冷器，再将热量散发到室外环境，可实现完全自然冷源冷却。

8.7.3 节能降碳相关技术指标

（1）最低电能利用比值为1.10。

（2）单柜运行噪声<42分贝。

8.7.4　应用案例

河南省某运营商项目，技术提供单位为深圳某科技有限公司。

（1）用户用能情况：运营商基站现场环境差，设备功耗大，散热难，现场采用风冷散热，已经达到散热瓶颈，电能利用比值达到2。

（2）实施内容及周期：采用模块化设计，设置1台浸没式液冷型基带处理单元机柜，将液冷机柜、配电模块、硬件资源集成于一体。实施周期为2个月。

（3）节能减排效果及投资回收期：改造完成后，系统平均耗能约71～75kW·h/d，日均电能利用比值约1.19，节能量为6万kW·h/a。投资回收期约2年。

8.8　变频基站精密空调技术

8.8.1　功能特点

（1）整机全套钣金开模设计，一体化成型，重量轻，强度高；压缩机、风机、控制器等关键器件可实现全正面维护。

（2）采用智能液晶显示屏，可智能检测及判断故障，实时获取机组运行状态，同时具备四遥功能，可实现远程监控。

（3）采用自研控制器，根据机房内外的环境温度变化趋势，对压缩机频率实现智能调节，实现多机组群控，主机统一管理，根据负荷可自动调节运行机组数量。

8.8.2　技术原理

该技术通过直流变频压缩机、直流电机及大规格换热器，实现高换热效率和低使用功率；采用具备自学习模糊控制算法的自研控制器，实现对基站、小型机房自适应调节，避免室内温度频繁波动，提高机房温度控制精度，使实时能效达到最优。

8.8.3 节能降碳相关技术指标

（1）年节电率为30%。

（2）能效比（3P三相单冷机组）为5.48。

（3）能效比（5P三相单冷机组）为5.23。

8.8.4 应用案例

广东省某公司基站动力环境改造项目，技术提供单位为广东某科技有限公司。

（1）用户用能情况：采用5匹家用舒适性定频柜机，空调老旧、积灰严重，耗电高，站内平均温度28~29℃。

（2）实施内容及周期：采用变频基站精密空调技术进行节能改造，并进行安装调试。实施周期为1天。

（3）节能减排效果及投资回收期：改造完成后，站内平均温度27~28℃，空调平均耗电量21kW·h/d，节能量为4 896kW·h/a。投资回收期约2年。

8.9 双冷源集成式机柜

8.9.1 功能特点

（1）将制冷单元室内机集成于机柜，对柜内进行封闭制冷，将柜内设备产生的热量通过室外机排至机房外，解决高功耗设备散热问题；

（2）在传统电压缩式制冷系统基础上集成热管系统，双冷源动态协同工作，实现室外自然冷源有效利用，制冷系统能效由3提升至10；

（3）压缩机—热管双系统集成及交、直流双路供电设计，可实现市电中断、压缩机故障等应急情况下的设备散热，降低宕机风险，保障网络可靠运行。

8.9.2 技术原理

集成柜级制冷、双冷源协同等技术，具备信息与通信设备综合收容能力

及柜内动态精确供冷功能，实现多冷源高效协同利用，降低制冷能耗，提升制冷系统可靠性，可发展为逻辑集成型设备。

8.9.3 节能降碳相关技术指标

（1）电能利用比值可接近1.20。

（2）站点制冷能耗降低20%～50%。

（3）机房空间利用率提升30%～60%。

（4）设备工作环境温度降低10～15℃。

8.9.4 应用案例

湖南省某机房一体化节能柜应用项目，技术提供单位为中国某通信集团设计院有限公司。

（1）用户用能情况：项目机房采用传统机房空调的散热方式，BBU最高温度超过50℃，空调用电量18kW·h/d，机房电能利用比值为1.59。

（2）实施内容及周期：采用机柜级制冷方式，将空调室内机集成于机柜并将机柜封闭，将柜内热量通过室外机排至室外，单个制冷单元额定制冷量6kW，风量2 500m³/h。实施周期为1天。

（3）节能减排效果及投资回收期：改造完成后，BBU最高温度不超过50℃，机柜电能利用比值为1.08，空调节电量15kW·h/d，节能量为5 439kW·h/a。

8.10 机房双回路热管空调技术

8.10.1 功能特点

（1）采用双系统模式，热管系统内没有压缩机冷冻油，不会对蒸发器和冷凝器的换热效率构成影响，热管系统优先运行，增强热管系统换热能力。

（2）采用蒸发温度控制技术，保持蒸发温度在机房露点温度以上，减少冷凝水的产生，提高空调有效显冷比。

（3）系统根据室内外温度自动选择最优的制冷模式，无须人工参与调整。

8.10.2 技术原理

该技术结合热管和压缩机两套制冷系统，分别使用不同的蒸发器和冷凝器，仅在室外温度高于室内时启动压缩机，充分利用自然冷源，能使热管系统换热能力增强，大幅降低系统制冷所需耗电，提高节能效率。

8.10.3 节能降碳相关技术指标

（1）机械制冷模式COP为3.21。

（2）混合制冷模式COP为5.72。

（2）全年综合能效比（AEER）为12.26。

8.10.4 应用案例

某通信运营商综合机房节能改造项目，技术提供单位为湖北某信息技术有限公司。

（1）用户用能情况：机房电能利用比值偏高，空调耗电占机房耗电比例过高。

（2）实施内容及周期：采用1台5P双回路热管空调一体机代替原机房同等规格的传统空调。实施周期为1年。

（3）节能减排效果及投资回收期：改造完成后，综合节电率达到67%，节能量为18 476kW·h/a。投资回收期约2.5年。

8.11 无线数据机房智能化能耗管理系统

8.11.1 功能特点

（1）制定网络/小区流控节能策略、条件软关+硬关+小区协同，对业务量的变化进行深度学习，自适应调整节电时段；

（2）可对温度影响因素进行建模学习，结合热成像摄像头进行温度热力图的3D呈现，完成精细化管理；

（3）通过在机柜内部设置温度采集点，控制机柜风道机械调控，实现对冷热风道的动态调整。

8.11.2 技术原理

　　该系统采用人工智能和远程物联网控制技术，快速定位低话务、高能耗基站，动态制定"一站一策"基站节能策略，实现自适应多网协作软硬关断、空调精细化管理、高能耗设备定位、机柜风道智能化调整等功能。同时基于蓝牙定位技术和人工智能摄像头人脸、人体和图像识别等视觉能力，实现机房设备资产精细化监管。

8.11.3 节能降碳相关技术指标

　　（1）单站（按典型1空调，3小区计算）节电量为1.5～5kW·h/d。

　　（2）10万套设备查询结果反应时间为≤2S。

　　（3）每秒钟最大设备上报并发数量为900个。

　　（4）温控终端承载数量为10万套。

8.11.4 应用案例

　　某运营商第五代移动通信智能硬关断项目，技术提供单位为某信息通信科技有限公司。

　　（1）用户用能情况：该项目为新建项目。

　　（2）实施内容及周期：实施智慧节能服务、运维服务、节能站点改造服务3个部分。实施周期为1个月。

　　（3）节能减排效果及投资回收期：改造完成后，单个有源天线单元（AAU）日均关断时长5.2h，平均节电2kW·h/d，节能量为462万kW·h/a。投资回收期约8个月。

8.12　支持基带处理单元堆叠布置冷热场控制技术

8.12.1 功能特点

　　（1）通过冷热通道隔离技术、微通道送风技术，优化气流组织，使得基带处理元（BBU）形成散热大循环通道，降低排放温度，避免高温宕机、导线局部热熔等问题；

（2）BBU专用散热机柜加装集排热系统，实现风量、功率与BBU工作温度自适应，将热通道收集的热量通过低功率风机及风管排放至室外。

8.12.2 技术原理

该技术由基带处理单元散热机柜和集排热系统两部分组成。散热机柜通过冷热通道隔离技术、微通道送风技术，使基带处理单元堆叠时冷热场分区，形成散热气流循环通道。集排热系统收集散热机柜热通道热量，自动检测基带处理单元温度及机房室内外温湿度，自动调节风量，将热量通过风管排放至室外。

8.12.3 节能降碳相关技术指标

（1）系统能效比为28.80。

（2）降低单个机柜机房面积占比为50%。

（2）BBU出风口温度降低18.6℃。

8.12.4 应用案例

某通信运营商节能服务项目，技术提供单位为杭州某通信科技有限公司。

（1）用户用能情况：堆叠机房内布置众多基带处理单元，能耗较大，形成局部超高温。

（2）实施内容及周期：集中采购第五代移动通信站点智能冷热场控制系统，加装专用散热机柜、集排热系统、智能控制系统，并进行安装调试。实施周期为8个月。

（3）节能减排效果及投资回收期：改造完成后，BBU排放至机房，温度降低18.6℃，节能量为215万kW·h/a。投资回收期约2年。

8.13 通信机房智能温控技术

8.13.1 功能特点

采用物联网和大数据分析技术，根据机房实际环境温度，按需制冷，降低机房能耗，实现机房和空调设备的智慧运营。

8.13.2 技术原理

该技术运用物联网技术对机房温湿度、能耗、设备运行数据进行采集、分析及处理，结合新风系统，依靠智能节能模型，自动远程调整控制，通过实时监测数据平台，发现设备故障及机房高温情况并自动告警。

8.13.3 节能降碳相关技术指标

（1）电能利用比值≤1.20。

（2）数据采集精度≤±0.5℃；湿度≤±3%。

（3）中央控制器控制精度≥99%；遥控响应时间≤2S。

8.13.4 应用案例

某公司基站空调节能项目，技术提供单位为湖南某科技有限公司。

（1）用户用能情况：机房空调随机房主设备一起全年不间断地运行，可服务基站约53个。

（2）实施内容及周期：采用智能冷热交换系统与自适应控制机房空调，对项目机房进行节能改造。实施周期为1个月。

（3）节能减排效果及投资回收期：改造完成后，经过抽检核验，年平均节能率达75%，1个机房综合节电约25kW·h/d，按每个月工作28天计算，节能量为45万kW·h/a。

第9章 通信网络大中型通信机房节能提效技术

9.1 综述

通信业用能主体主要包括通信基站和通信机房。大中型通信机房与数据中心发展趋势逐步趋同。但考虑到通信机房对安全性可靠性要求更高，相关技术仍有较大区别。

9.2 模块化不间断电源

9.2.1 功能特点

（1）模块化电源供电系统能够自动识别功率模块故障、控制系统及监控系统故障、控制电路故障，并采取自动故障修复、故障隔离等冗余容错控制策略，实现模块化电源供电系统高可靠并联运行。

（2）采用无主从自适应的多模块并联技术，解决多模块并联系统稳态均流、模块加入退出系统时瞬态并联均流等问题，从而实现多模块并联时低环流电流、高静态稳压精度、高动态稳压精度。

9.2.2 技术原理

该技术综合采用模块化设计、抽屉式概念设计、集中式静态开关旁路、三相"维也纳"整流、I型三电平等技术，可无缝切换在线补偿节能模式，支持模块在线热插拔功能，抗短路能力强，保证输出电压质量。

9.2.3 节能降碳相关技术指标

（1）系统效率≥97%。

（2）功率模块效率≥97.1%。

（3）满载功率因数（PF）≥0.99。

（4）功率密度相比原设计可提升≥100%。

9.2.4 应用案例

北京市某公司机房项目，技术提供单位为某数据股份有限公司。

（1）用户用能情况：该项目为新建项目。总建筑面积20 000m²，建设4 000个机柜和相应的配套设施。

（2）实施内容及周期：采用模块化不间断电源系统，包括12套400KVA不间断电源、72套600KVA不间断电源系统。实施周期为1年。

（3）节能减排效果及投资回收期：改造完成后，相比传统设备可实现节电率10.5%，系统节能量为247万kW·h/a。投资回收期约2年。

9.3 精密空调和集装箱式机房解决方案
——变频精密机房空调技术

9.3.1 功能特点

（1）采用高效变频压缩机、直流调速轴流风机及铜管+亲水开窗铝箔翅片，换热效率高。

（2）整机全套钣金开模设计，一体化成型，重量轻，强度高，风机、控制器等关键器件可实现全正面维护。

（3）采用液晶触摸屏，可实时获取机组运行状态，系统可进行智能检测和故障判断，储存上千条故障告警历史记录，同时具备四遥功能，远程监控，来电自启等功能。

9.3.2 技术原理

该技术采用变频压缩机及自研变频器，根据负荷及应用环境变化实现智能调节，同时有效解决变负荷情况下定频压缩机频繁启停的问题，机房温度控制精度提高，整机全套钣金开模设计，一体化成型，重量轻，强度高，风机、控制器等关键器件可实现全正面维护。

9.3.3 节能降碳相关技术指标

机组全年能效比（AEER）≥4。

9.3.4 应用案例

黑龙江省某医院核磁项目，技术提供单位为广东某科技有限公司。

（1）用户用能情况：该项目为新建项目。

（2）实施内容及周期：安装变频精密机房空调及相应的配套设备。实施周期为10天。

（3）节能减排效果及投资回收期：改造完成后，全年能效比为4.20，机房空调耗电量为65 179kW·h/a，节能量为5 848kW·h/a。投资回收期约2年。

9.4 精密空调和集装箱式机房解决方案
——集装箱式机房解决方案

9.4.1 功能特点

（1）采用模块化安装，可实现远程控制，极简维护，支持快速复制，大量堆集部署，降低成本、提高效率。

（2）采用氟泵双循环空调设计，最大限度利用自然冷源，根据负荷动态调节冷量输出；冷热通道双封闭设计，提高冷量利用率，提升全年综合能效比。

9.4.2 技术原理

该方案采用全模块化、一体化集成设计，工厂全预制装配，整体运输，简化现场安装过程，并可按需扩容部署，适用于各种户外复杂使用场景；采用整体式氟泵双循环空调，提升30%出柜率，增加自然冷源利用率，降低整体系统电能利用比值。

9.4.3 节能降碳相关技术指标

（1）全年电能利用比值≤1.20。

（2）噪声：≤65dB。

9.4.4 应用案例

某集装箱机房项目，技术提供单位为广东某科技有限公司。

（1）用户用能情况：该项目为新建项目。

（2）实施内容及周期：安装5套20尺单箱集装箱机房和5套40尺集装箱机房，20尺单箱集装箱负载功率15kW，40尺单箱集装箱负载功率40kW。实施周期为2个月。

（3）节能减排效果及投资回收期：改造完成后，集装箱机房每千瓦负载平均节能0.175kW·h/a，该项目节能量为48万kW·h/a。投资回收期约3年。

9.5 直流变频制冷技术及整体解决方案

9.5.1 功能特点

（1）采用智能化控制算法，实现空调设备供冷量与目标温湿度值自动调节。

（2）具备全系统变流量、变容量功能，可实现能量调节，减少不必要制冷，提高整机能效水平。

（3）冷热通道分离，避免空调送回风短路，有效提高回风温度，提高换热效果。

9.5.2 技术原理

该方案采用直流变频技术，风机、压缩机、电子膨胀阀根据机房实际负载快速三联动调，保持机房温湿度稳定。同时，结合计算流体动力学热仿真技术实现对机房设备点对点制冷，送风距离短，制冷精确。

9.5.3 节能降碳相关技术指标

（1）节能率为30%。

（2）系列机组AEER≥5.10。

（3）显热比为1。

9.5.4 应用案例

某机房项目，技术提供单位为依米康科技集团股份有限公司。

（1）用户用能情况：项目建设机房10栋，可容纳高密机柜2万余个，服务器30~40万台，上架率超过90%。

（2）实施内容及周期：采用直流变频节能制冷技术及其整体解决方案，将机房内的热量通过不同的运行模式转移到室外。实施周期为6个月。

（3）节能减排效果及投资回收期：改造完成后，年均电能利用比值约为1.10，节能量为2 207万kW·h/a。

9.6 变频列间空调

9.6.1 功能特点

（1）采用直流变频涡旋压缩机替代传统定频压缩机，在部分负荷时具有更高能效比，动态制冷输出，实现精准冷量调节，减少压缩机启动次数，提高系统可靠稳定性。

（2）采用高精度全封闭式电子膨胀阀替代传统热力膨胀阀，控制精度高，调节范围广，零泄漏。

（3）采用高效节能型后倾式EC离心风机，无蜗壳设计，大风量，高静压，运行平稳，低噪声，直接接入市电，同时列间空调送风距离小，风机静压要求低，减少所需风机功率。

9.6.2 技术原理

针对机柜行列之间高回风特点，该技术选用可在高蒸发温度下工作的直流变频涡旋压缩机、全封闭式电子膨胀阀及节能型后倾式电子换向离心风机，使得机组在部分负荷时仍具有较高能效比。

9.6.3 节能降碳相关技术指标

（1）平均功率为5.86。

（2）AEER为5.97。

9.6.4 应用案例

广西壮族自治区某公司机房工程项目，技术提供单位为南京某环境技术股份有限公司。

（1）用户用能情况：项目总制冷量为2 248kW，其中列间空调制冷量为1 848kW。

（2）实施内容及周期：机房新增空调配电总屏2面，交流列头柜12面，网络机柜207面，采用"列间空调"制冷方式，设封闭通道，列间空调48台，封闭冷通道6列，新增机房综合支架、走线架、尾纤槽、动环监控、防静电地板及照明等设备。实施周期为6个月。

（3）节能减排效果及投资回收期：改造完成后，设备制冷量38.5千瓦/台，项目节能量为139万kW·h/a。

9.7 露点型间接蒸发冷却解决方案
——间接蒸发空气冷却系统技术

9.7.1 功能特点

（1）末端可实现湿球送风，对于湿球温度低于23℃的地区，可实现全年自然冷却。

（2）使用分布式智能控制系统，操作方便。

（3）采用分布式架构，减少占地面积。

9.7.2 技术原理

本系统分为外循环和内循环，外循环部分先通过间接蒸发冷却方式产生的冷水对环境空气进行等湿降温，再通过填料对空气等焓加湿，产生的接近露点温度的环境冷空气通过分布式显热交换器与机房内热回风进行显热交换，被加热后的环境空气进入外循环出风通道从建筑的另外一侧排除；内循环部分是对来自IT机柜的回风通过内循环风机送入分布式显热交换器和降温后的环境冷空气进行显热交换，然后送入IT机柜前端。

9.7.3 节能降碳相关技术指标

（1）机房最低年均电能利用比值为1.10。

（2）分布式热交换末端换热效率为70%。

（3）单机架平均功率为8～12kW。

9.7.4 应用案例

内蒙古某机房项目，技术提供单位为深圳某科技股份有限公司。

（1）用户用能情况：该项目为新建项目。

（2）实施内容及周期：采用间接蒸发空气冷却方案，安装外循环进出风输送单元15台、空气预冷蒸发模块60台、分布式热通道封闭机柜模组2 000台及蒸发冷却换热装置530台。实施周期为6个月。

（3）节能减排效果及投资回收期：建设完成后，按照传统散热方式机房电能利用比值为1.8计算，节能量为330万kW·h/a。投资回收期约2年。

9.8 露点型间接蒸发冷却解决方案
——露点型间接蒸发开式塔技术

9.8.1 功能特点

（1）填料均为横流设计，可提升整机处理能力，并降低功耗。

（2）采用近露点塔设计，出水温度低，冬季防冻设计，可在寒冷地区部署。

9.8.2 技术原理

该技术采用露点型间接蒸发冷却技术使空气和喷淋水在填料内发生一系列蒸发、传热过程，其预冷换热器及填料均为横流设计，可提升整机处理能力，并降低功耗，同时采用新型布水策略，填料上部布水流量由外至内逐步递减，可使填料内部从外至内流下的水温保持一致，从而降低整体出水温度。

9.8.3 节能降碳相关技术指标

（1）全年可降低空调系统总功耗为60%。

（2）出水温度较常规开式塔低4～5℃。

（3）名义工况性能系数为19。

9.8.4 应用案例

广东省某机房项目，技术提供单位为深圳某科技股份有限公司。

（1）用户用能情况：该项目具有机柜2 000个。

（2）实施内容及周期：采用间接蒸发冷却技术进行改造，部署露点型间接蒸发开式塔、间接蒸发精密空调和冷冻水列间空调、冷热通道密闭机房模块。实施周期为6个月。

（3）节能减排效果及投资回收期：根据实际统计，节能率在28%左右，实现节能量264万kW·h/a。投资回收期约1年。

9.9 露点型间接蒸发冷却解决方案
——露点型间接蒸发闭式塔技术

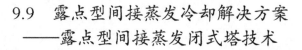

9.9.1 功能特点

（1）预冷换热器、填料、蒸发冷却换热器，均为横流设计，可大幅提升冷却能力，降低功耗。

（2）用蒸发冷却换热器及板换对被冷却流体进行两级冷却，大幅度增加蒸发传热接触面积、强化蒸发冷却过程。

9.9.2 技术原理

该技术采用露点型间接蒸发冷却过程产生的冷空气和冷水分别用蒸发冷却换热器及板换对被冷却流体进行两级冷却，通过大幅度增加蒸发传热接触面积、强化蒸发冷却过程，使被冷却流体冷却至低于环境湿球温度，低负荷时可逼近露点温度。

9.9.3 节能降碳相关技术指标

（1）可提升冷水机夏季工况能效为40%。

（2）大温差情况下出水温度接近环境空气湿球温度，可大幅延长全年自然冷源利用时间。

9.9.4 应用案例

广东省某机房项目，技术提供单位为深圳某科技股份有限公司。

（1）用户用能情况：该项目具有机柜1 600个。

（2）实施内容及周期：对机房进行改造，部署新一代露点型间接蒸发闭式塔、冷冻水机房空调、相变蓄冷系统及冷热通道密闭机房模块。实施周期为6个月。

（3）节能减排效果及投资回收期：根据实际统计，节能率在28%左右，实现节能量219万kW·h/a。投资回收期约2年。

第10章 数字化绿色化协同转型节能提效技术

10.1 综述

数字技术对工业节能提效具有加速作用，通过对产品绿色设计、生产工艺优化、能源管控、工序协同和资源调度等环节进行智慧管理与优化，实现能源利用效率提升。利用5G、工业互联网、大数据等新一代信息技术实现能量流、物质流等信息采集监控、智能分析、精细管理、系统优化，实现能源、资源、环境管理水平提升是工业领域数字化绿色化协同转型技术发展方向。

10.2 电力物联网高速载波数据采集及供电系统优化技术

10.2.1 功能特点

（1）具备快速自动组网、自动中继、通信响应速度快等特点，支持用电数据高频高效采集，支持分钟级曲线采集，成功率大于99%。

（2）支持台区自动识别、相位拓扑识别、停电事件主动上报、时钟精准治理等应用功能。

（3）采用模块化设计，支持远程在线升级，智能化自动化程度高，减少人工维护工作量。

10.2.2 技术原理

该技术利用电力物联网高速载波技术对低压供电台区供用电数据、设备运行参数、环境状态等信息进行高频采集和实时监控分析，实现供电线路状态监控、用电负荷感知和调节，达到优化供电控制、提高供电效率、电能利用比值等效果。

10.2.3　节能降碳相关技术指标

（1）供电损耗可减少1%。

（2）降低用电峰时段总负荷，节约电能消耗>5%。

（3）停电上报时间<60s。

（4）数据采集成功率为99%。

10.2.4　应用案例

智慧供电系统监测及线损治理示范项目，技术提供单位为北京某微电子科技有限公司。

（1）用户用能情况：某供电台区用电量大，供电线路损耗较高，供电设备运行状态无法实时监控，用电高峰时段常采取"拉闸限电"措施为电网"减压"。

（2）实施内容及周期：运用电力物联网高速载波数据采集及供电系统对居民用电数据进行采集和用电负荷进行精准调节，提高供电效率、降低峰时总负荷。实施周期为2年。

（3）节能减排效果及投资回收期：改造完成后，可降低台区用电峰时段总负荷，平均节约电能5%，节能量为120万kW·h/a。投资回收期约1.8年。

10.3　基于无线通信及多约束条件人工智能算法的公辅车间管理系统

10.3.1　功能特点

（1）可自动采集空压站内设备的运行数据，通过二维/三维组态可视化展示空压站的实时监测数据，还可通过个人电脑或移动设备远程监控。

（2）采用负荷预测模型可智能识别生产车间用气规律，单机能效模型可智能识别空压机的实际供气能力和效能，管道压降模型可智能识别管道的损耗，从而优化调整空压站设备的运行状态，实现按需供气，降低能耗。

10.3.2　技术原理

　　针对工厂空压站等公辅车间，该系统通过可视化方式展示车间设备运行状况，通过大数据可视化技术、窄带恒压技术、多约束多参数控制算法和边缘计算技术等对设备进行智能控制，协助实现空压站运行提质稳压。

10.3.3　节能降碳相关技术指标

　　（1）空压站节电率为10%～30%。

　　（2）支持连接节点数量≥100。

　　（3）数据采集频率≤2s。

　　（4）通信掉包率<0.5%。

　　（5）通信延迟<200ms。

10.3.4　应用案例

　　某汽车装配工厂空压站云智控改造项目，技术提供单位为某物联技术（深圳）有限公司。

　　（1）用户用能情况：该工厂空压站有1台185kW工频机、5台262kW工频机、4台450kW高压机、1台250kW变频机；三线空压站有1台200kW工频机、4台600kW离心机等耗能设备。平均耗电量达到180万kW·h/m。

　　（2）实施内容及将空压站的所有设备接周期：入物联网关，在车间安装边缘服务器，调试车间网络环境，接入云智控管理系统。实施周期为1年。

　　（3）节能减排效果及投资回收期：改造完成后，空压站设备平均加载率由95%提高至98%，节能率达10%，节能量为65万kW·h/a。投资回收期约16个月。

10.4　基于大数据的工业企业用能智能化管控技术

10.4.1　功能特点

　　（1）支撑多场景下综合能源数据的语义一致性融合，解决常规能源系统数据模型不统一、数据不互通的问题。

（2）构建云边协同与模块化微服务架构，解决多粒度对象多模态能源数据高效可视化需求。

10.4.2　技术原理

该技术采用标准云架构模式，以电气设备指纹提取、负荷用电数据预测、综合能效分析与计算、异常用能分析等算法为核心，在对工业企业用能信息数据监控、采集基础上，基于人工智能和大数据技术进行智能分析及管理，以数字化手段协助用能管控与能效提升。

10.4.3　节能降碳相关技术指标

（1）系统节能率为20%。

（2）系统平均故障修理时间<1d。

（3）系统执行简单业务平均响应时间≤5s。

（4）复杂综合业务平均响应时间≤8s。

（5）平均无故障率>99.9%。

10.4.4　应用案例

某营业厅节能改造项目，技术提供单位为天津市某电力信息技术有限公司。

（1）用户用能情况：某营业厅能源系统运行超过10年，现供热、供冷、照明等系统均独立运行，缺乏协调优化运行调控手段，单位面积能耗约80kW·h。

（2）实施内容及周期：运用基于大数据的工业企业用能智能化管控技术对该单位的发电系统、用能设备的运行状态、功率、参数等实时采集存储、动态监测控制，根据不同业务场景需求进行设备接入和输出模块的灵活组合和配置。实施周期为2个月。

（3）节能减排效果及投资回收期：改造完成后，系统综合能效比由1提升至2.50，节能率为20%，节能量为3万kW·h/a。投资回收期约7.30年。

10.5　基于工业互联网的设备运行智能化协同管理技术

10.5.1　功能特点

该技术建立于信息采集、传输、存储的物联网平台，实现对设备运行状态实时监测，并将监测的数据进行分类、清洗、挖掘等分析处理后送入专家系统进行模型化分析，得到设备当前故障影响因素，并预测设备将会发生故障的影响因子，形成故障解决方案。

10.5.2　技术原理

该技术依托物联网、人工智能、大数据、云计算等，通过工业互联网平台对设备运行状态和环境参数进行监控及分析，实现基于算法模型的自预警、自诊断及优化，降低设备能耗。

10.5.3　节能降碳相关技术指标

（1）能耗降低≥10%。

（2）水资源循环利用率提升35%。

（3）运营成本降低22%。

10.5.4　应用案例

安徽省某设备运行智能化协同管理改造项目，技术提供单位为某环境科技股份有限公司。

（1）项目改造前未搭建工业互联网平台，没有对设备运行状态和环境参数进行监控及分析的能力，设备无法进行自预警、自诊断及优化，中端设备油耗量大、故障率高，耗能量达到9万吨标煤/年；

（2）实施内容及周期：搭建预测性维护与智能运维平台，完成从传感器核心元器件、无线传感器网络、数据采集、工业大数据、预测性维护到设备管理智能化解决方案的完整技术布局。实施周期为5个月。

（3）节能减排效果：通过对设备运行状态和环境参数的有效监控及分

析，降低了设备计划外停机，减少维护频率，设备能耗降低10%；准确预测分析设备故障机理，避免失修过修，维护成本降低22%；以设备运行状态为核心，对数据进行深度挖掘分析，提高设备运行效率，年节能量729万kW·h。

10.6　流程工业能源系统运行调度优化技术

10.6.1　功能特点

（1）实时监控能源产耗平衡、实时计算及监控设备能效。

（2）开展能源统计分析，评价装置及设备能效水平；建立动态能耗基准，发现能耗异常、挖掘节能潜力。

（3）进行多能源介质产耗预测、能源管网模拟，支撑能源系统优化调度，实现节能运行。

10.6.2　技术原理

针对流程工业能源系统，该技术以大型数据库构建智能化能源管理平台，结合多能源介质产耗预测技术、机理建模与数据分析技术、优化调度技术、非线性规划求解技术等，建立能源管网模拟与协同平衡模型，实现能源系统多周期动态优化调度。

10.6.3　节能降碳相关技术指标

（1）能源系统综合能耗降低>1.5%。

（2）废气排放量减少>5%。

（3）主要能源介质管网模拟精度>95%。

10.6.4　应用案例

辽宁省某能源管理优化项目，技术提供单位为浙江某技术股份有限公司。

（1）用户用能情况：该企业在扩能改造时，能源系统没有进行同步适应性改造，导致在扩能改造后，部分装置与系统不匹配，致使企业能耗偏高。

（2）实施内容及周期：搭建涵盖能源计划、调度与操作优化、过程模拟、统计分析、计量管理等功能的能源管控与优化平台。实施周期为1年。

（3）节能减排效果及投资回收期：改造完成后，据统计，企业万元产值综合能耗下降为3%，节能率为3%，可节约标准煤2万t/a。投资回收期为6个月。

10.7 基于工业互联网面向工业窑炉高效燃烧的大涡湍流算法

10.7.1 功能特点

（1）通过大涡湍流算法设计的燃烧系统比原有工艺节约天然气10%~40%；

（2）火焰形态的最优化能确保产品品质最优化，避免局部欠烧和过烧引发的品质不稳定问题；

（3）燃烧参数可进行实时采集和控制，实现精细化燃烧。

10.7.2 技术原理

基于现有基础工业工艺热需求、节能需求和减排需求，该技术通过大涡湍流燃烧模拟算法设计适用于该工业炉窑的燃烧系统并根据模拟所得参数对炉窑现有燃烧系统进行改造，同时采用数字孪生技术对工业燃烧动态参数进行即时运算和呈现，实现精细化燃烧。

10.7.3 节能降碳相关技术指标

（1）节省天然气10%~40%。

（2）减少氮氧化物排放25%~40%。

（3）提高产品合格率3%。

10.7.4 应用案例

中国某特种装备制造公司表面加热控制系统改造项目，技术提供单位为某科技有限公司。

（1）用户用能情况：中国某特种装备制造公司压力容器焊缝加热火焰热量向周围散发严重、天然气用量很高，在大风或者加工瑕疵等条件下容易熄火且没有熄火报警，存在安全隐患。

（2）实施内容及周期：以大涡湍流燃烧模拟为基础设计一套表面加热燃烧控制系统。实施周期为1年。

（3）节能减排效果及投资回收期：改造完成后，该套设备可为大型压力容器焊接表面进行预热，与国内现有的加热排管相比，节省天然气40%，以该厂100条焊缝的产能计算，可节省天然气40万m^3/a。投资回收期为2年。

10.8 基于云计算的能源站智能化能效管控技术

10.8.1 功能特点

（1）支持多类型设备接入，兼容性强。

（2）以可视化图表的方式精准查找能效漏洞，优化能源站运行调度。

（3）通过采集系统运行数据，自动计算系统运行能效，并对存在的问题进行诊断和分析。

（4）通过多种优化算法和专家模型，深度优化系统运行能效。

10.8.2 技术原理

该技术通过网关采集设备和系统运行数据，利用优化算法和专家模型，实现对能源站设备及系统状态感知、诊断和优化。同时利用虚拟对象技术及参数可编程技术，扩充适用能源站类型，扩展节能优化算法。

10.8.3 节能降碳相关技术指标

（1）节能率≥10%。

（2）实时数据采集周期为10～60s可调。

（3）一般功能响应≤2s。

（4）复杂功能响应≤10s。

10.8.4 应用案例

河南省某化工有限责任公司压缩空气系统节能改造项目，技术提供单位为杭州某科技股份有限公司。

（1）用户用能情况：河南省某化工有限责任公司动力厂空压站共4台离心机和2台螺杆机，设计总供气量为800m³/min，供气压力为（0.70±0.05）MPa。原有的吸干机均为无热型干燥机，通过使用干燥后的空气膨胀做功，使吸附剂与所吸附水分强行分离，脱附后再排除空气，损耗的压缩空气超过产气量的15%。

（2）实施内容及周期：拆除4台离心机三级冷却器，配套零气耗余热再生干燥机，空压站群控采用基于云计算的能源站能效一体化管控技术。实施周期为5个月。

（3）节能减排效果及投资回收期：改造前原空压站基准电耗为0.17千瓦时/标立方米，改造后电耗为0.12千瓦时/标立方米，空压站的平均运行气量约为每分钟400标立方米，按照全年运行8000小时计算，改造完成后，节能量为880万kW·h/a。投资回收期约2年。

10.9　基于工业大数据动态优化模型的离散制造业用能管控技术

10.9.1　功能特点

（1）建立生产全流程用能场景能/碳排放动态模型，可为生产全流程智能节能降碳优化运行及动态调控提供支撑。

（2）针对重点行业提出设备使用率、物料消耗、工艺参数、排产约束值等与能耗/碳排放之间的计算和优化运行控制模型，并构造复杂模型求解的自学习算法，可实现生产全流程智能节能降碳优化。

（3）针对机械加工、汽车及其零部件制造等重点行业，提出基于实时能耗/碳排放数据及云边协同一体化控制的生产全流程用能动态调控机制，可对生产设备能耗进行实时管控。

10.9.2　技术原理

该技术以离散制造业中能流动态模型为主线，对生产场景内能流、价值流进行解耦分析，利用工业互联网和大数据采集分析技术，结合精益管理途径，提供节能工艺参数优化、节能排产优化和设备边缘端节能管控等优化措施。

10.9.3 节能降碳相关技术指标

（1）综合能耗降低5%～10%。

（2）车间设备运行效率提升10%～15%。

（3）产品质量提高8%～12%。

10.9.4 应用案例

重庆市某大型机械加工企业改造项目，技术提供单位为重庆某大数据创新中心有限公司。

（1）用户用能情况：重庆市某大型机械加工企业车间有13台大型压铸设备、8台小型压铸设备、13台焊接机器人及4台机械手臂设备。企业成立时间较长，多数大型设备老化、能耗高、容易出现故障。

（2）实施内容及周期：在该车间建设基于工业大数据驱动的绿色制造智能产线管理平台，对企业能源、设备精益化管控，分析企业能源结构、设备能耗情况等。实施周期为1年。

（3）节能减排效果及投资回收期：改造完成后，设备运行效率提升27%，生产能效提升21%，节能率为6%。投资回收期约1年。

10.10 基于大数据分析的企业用能智能化运营技术

10.10.1 功能特点

（1）数据处理自动化。

（2）数据服务智能化。

（3）数据采集能力强。

10.10.2 技术原理

该技术采用大数据、第五代移动通信、云计算等信息技术，实现对企业用能24h连续监测监控，以及对所采集用能数据进行存储、计算、分析，结合实时预警策略，对工业企业和园区内能源系统进行调控配置。

10.10.3　节能降碳相关技术指标

（1）单位产品能耗下降6.5%。

（2）能源利用率>85%。

（3）通过降低用电峰时段总负荷，节约电能消耗5%。

10.10.4　应用案例

山东省某智慧能源改造项目，技术提供单位为青岛某能源动力有限公司。

（1）用户用能情况：该项目空调、照明设备未采取平台化集中管理，2020年用电量为72万kW·h。

（2）实施内容及周期：搭建基于大数据分析的企业用能智慧运营平台，对中央空调、照明设施等系统进行分布式监控和集中管理。实施周期为2个月。

（3）节能减排效果及投资回收期：改造完成后，据电表统计，2021年用电量为54万kW·h，较改造前，节能率为20%，节能量为18万kW·h/a。投资回收期为2年。

10.11　基于第五代移动通信（5G）及大数据的数字设备节能管理技术

10.11.1　功能特点

（1）可实现多用户共享基站的差异化备电需求。

（2）具备分路电量计量功能，可实现分组计量精细化管理。

（3）可对不同运营商负载设备实现差异化发电管理。

（4）每分路可以单独设置定时时间，实现远程关断和闭合功能。

10.11.2　技术原理

该技术通过第五代移动通信获取数字设备运行功率数据及开关权限，通过微控制单元实现集中管理及分路独立计量，并基于大数据技术实现差异化备电、远程使用授权等功能。

10.11.3 节能降碳相关技术指标

（1）节能率>10%。

（2）设备支持嵌入式（19英寸机柜）安装方式，机框高度<1单元（U）。

（3）防护等级≥IP20。

（4）在标准温度和额定电压下设备功率消耗≤10W；电压、电流测量误差≤1%；电量计量误差≤2%。

10.11.4 应用案例

重庆市某商圈电源配套改造项目，技术提供单位为中国某股份有限公司重庆市分公司。

（1）用户用能情况：该商圈人流量大，数据流量高，基站密度高，设备功耗高，平均每站电量消耗为72kW·h/d，但每天凌晨2点至5点人流量极少，基站部分小区数据流量为0。

（2）实施内容及周期：对该商圈36个基站电源配套机柜增加智能配电单元（智能DCDU）及相关设备。实施周期为3个月。

（3）节能减排效果及投资回收期：改造完成后，平均每天电量消耗为63kW·h/d，节能率为12.5%，节能量为12万kW·h/a。投资回收期为2年。

10.12 钢铁烧结过程协同优化及装备智能诊断技术

10.12.1 功能特点

（1）采用基于液氮定型、无扰筛分和微波快速干燥的物料粒度检测技术，实现烧结混合料粒度、水分、燃料粒度在线精准感知。

（2）采用固体能耗多目标智能优化模型及混合料水分、燃料配比和烧结风量等工艺参数智能控制模型，实现烧结质量和能耗协同优化与智能控制。

（3）烧结关键设备状态智能感知与诊断，实现减员增效。

10.12.2　技术原理

主线装备实现自动化状态检测和智能诊断，通过关键工艺参数和生产指标感知技术，建立烧结过程产量、质量、能耗多目标优化与智能控制模型，实现烧结过程能耗降低与质量提高，以及智能化与无人化作业。

10.12.3　节能降碳相关技术指标

（1）固体燃耗≤45千克标准煤/吨。

（2）吨产品工序能耗为40kg标准煤。

（3）烧结成品率≥81%。

（4）岗位定员为40人。

10.12.4　应用案例

河北省某公司215m³烧结工程智能制造系统EPC项目，技术提供单位为某国际工程有限责任公司。

（1）用户用能情况：该项目为新建项目。

（2）实施内容及周期：建立设备健康管理系统、智能巡检管理系统、烧结机掉轮及算条在线诊断系统。实施周期为3个月。

（3）节能减排效果及投资回收期：改造完成后，工序能耗降低1.5千克标准煤/吨矿，电耗降低15千瓦时/吨矿，煤气消耗降低约10立方米/吨矿。投资回收期约1.8年。

第11章　节能低碳技术的综合应用实践及效果

11.1　综述

为取得更好的节能效果，需结合地域气候情况、自身特点基础上，综合运用节能技术，现以数据中心领域为例，简要介绍综合运用节能技术取得的效果。

11.2　中国移动哈尔滨数据中心

11.2.1　基本情况

中国移动哈尔滨数据中心位于黑龙江省哈尔滨市，总占地面积86万m²，规划总建筑面积约59.6万m²，主要服务于政务云业务。

11.2.2　综合应用实践及效果

数据中心通过余热回收利用、采用高能效冷源系统、优化运行策略、完善管理制度、提升运维水平等手段强化能耗管理，电能利用效率（Power Usage Effectiveness,PUE）从2020年的1.35降到2021年的1.31。

1.建立高能效冷源系统，充分利用自然冷源

数据中心充分利用自然冷源技术。每年11月至第二年4月左右，园区采用冬季工况运行模式（冷塔+板换），全年运行时间约为157天，冷机用电总量约为1 428万kW·h，运行条件为湿球温度长时间低于6℃，大气温度低于10℃。此项措施每年节约电费约700万元。

2.采用新型空调末端设备，提高装机效率、降低机房能耗

数据中心采用新型空调末端热管背板为设备进行制冷，在热管背板末端风机产生的吸引力的作用下，机房内的循环空气通过机柜的开孔前门进入机柜并流经IT设备，循环空气被正在运行的IT设备加热后温度升高成为热空气后被排出IT设备，再被吸入热管背板末端，热空气的热量被热管背板末端中的液态制冷剂吸收，成为冷空气后，回到机房的环境中。热管背板末端中的液态制冷剂吸收了热空气的热量后，沸腾并汽化成为蒸气状态，在自身气液相压差的作用下，被输送至机房外的门控单元（Door Cantrol Unit,DCU）中，并在DCU中重新被冷却成液态制冷剂，然后回流至热管背板末端中，DCU支管路数为8套，每台DCU都有自己的供回水支管道，暂停维护一台DCU不会影响整个系统的运行，维护时只需将要维护的DCU的供回水阀门切断即可，减少了维修时间及维护成本。与传统空调相比，新型空调约节电30%，年节电约4 500kW·h。

3.充分利用余热回收技术，提高能源综合利用水平

数据中心采用高温水源热泵，利用热回收技术将园区机房内IT设备产生的余热作为办公采暖和办公用热水的热源。当前，一期IT设备提供余热利用量为10 327kW，可供冬季采暖面积为87 117m²，相比电锅炉采暖，该技术每年节约电能153万kW·h。

11.3　中国电信南京吉山云计算中心二号楼

11.3.1　基本情况

中国电信南京吉山云计算中心二号楼位于江苏省南京市，建筑面积21 217.91m²，主要用于通信领域相关业务。

11.3.2　综合应用实践及效果

数据中心采用多种技术及管理措施实现节能，效果显著，电能利用效率由2019年的1.41持续优化到2021年的1.35。水资源使用率达0.57L/kW·h时。

1.采用水冷式中央空调系统

机房制冷系统采用水冷式中央空调，供回水温度为12℃与18℃。所用机房均为低压变频离心式冷水机组，水泵采用变频水泵，均为一级能效。

2.采用自然冷源

设置板式换热器，冬季采用自然冷源。冬季根据室外温度灵活调整冷冻水系统的供回水温度，增加自然冷源的利用时长，减少冷机启动时长，有效降低空调系统能耗。

3.采用水冷列间及热管背板式末端空调

80%的机房采用水冷列间空调，冷冻水直接进入机房换热，减少中间损耗。20%的机房安装热管背板空调，在保证核心机房不进水的前提下，减少压缩机损耗。

4.完善能源管理系统，提供节能分析手段

系统可实时显示各系统及主要设备的能源使用情况，具备分析功能、电能利用效率实时显示功能、数据报表生成和导出功能，通过能耗分析发现数据中心存在的节能盲点，有针对性地提升数据中心节能水平。

11.4 中国移动（山东济南）数据中心

11.4.1 基本情况

中国移动（山东济南）数据中心位于山东省济南市，参评机房楼总建筑面积70 575.84m²，园区总规划建筑面积13万m²，主要用于政企行业客户相关数据处理业务。

11.4.2 综合应用实践及效果

数据中心利用建筑信息模型（Building Information Modeling,BIM）进行三维数字建模和智能化建设部署，引入水冷空调系统，采用冷热通道隔离技术、数据中心上线基础设施管理系统（Data Center Infrastructure management，DCIM），实现全生命周期在线化协同运维管理。电能利用效率值达1.385，相对设计值降低0.005。

1.积极引入绿色节能设备，提升节能技术水平

数据中心引入自然冷却水冷机组，冬季当室外温度低于9℃时，开启板式换热模式，关闭制冷机组，利用室外冷源自然冷却，年节电近320万kW·h。合理规划机房内的冷热通道，以形成合理的冷、热气流回路；优化空调气流组织，提高空调效率，节约能耗10%以上。机房内采用封闭冷通道技术，把相邻的两列机柜封闭起来，形成封闭冷通道，每个冷风道交错放置8个列间空调，将冷风直接吹向服务器，机架正面增设盲板，背面的回风口网孔面积超过75%，实现空调制冷量几乎零散失的目标。设置机房空调自适应节能系统，优化机房空调室内机设置，自动控制、调节相应空调的出风温度、工作状态，最大限度地提高空调效率。

2.建立数字化运维体系，提升运维能力

数据中心创新采用BIM与DCIM相结合的技术，借助BIM模型构建跨专业的信息化数据基础，实现供电、供冷、消防、安防的在线化协同，推动数据中心智能化管理进程，借助大数据分析实时对园区资源分配及运转情况进行监测及分析，远程接口可为入驻客户提供能效的实时监控、线路及设备运转故障的快速定位。DCIM系统集成了不间断电源、安防、消防、空调等动环设备实时监控，温湿度、机柜微环境监控，电能质量监控和楼宇自动化系统等，同时兼具资产管理、容量管理、能效管理等综合运行管理功能。为精细化管理提供决策依据，推动告警系统从事后管控向事前预防的转变，有效地规范和管控设备告警处理，提高应急响应处理速度。

3.应用余热回收系统，提高能源综合利用率

数据中心建有机房余热回收系统，利用机房多余的热量供给维护支撑楼。维护支撑楼建筑面积公共部分大约10 050m²。通过余热回收技术，年节省取暖费40万元。同时，优化余热回收控制逻辑——水源热泵启动后，热回收泵启动；水源热泵停止后，热回收泵停止。有效避免热回收水泵24h运转，通过水源热泵和热回收泵的联动控制，实现热回收泵间歇启停，年节电能6.6万kW·h。

11.5 中国电信云计算内蒙古信息园数据中心

11.5.1 基本情况

中国电信云计算内蒙古信息园数据中心位于内蒙古呼和浩特市，占地面积1 000 000m²亩，规划建设42栋数据中心。参评的园区一期6栋数据中心总建筑面积109 200m²，主要用于通信、互联网领域相关业务。

11.5.2 综合应用实践及效果

数据中心采用集中式风冷系统+水冷系统+智能风道换热系统相结合的空调制冷模式，积极创新使用微模块数据中心（DC）舱、背板空调、240V高压直流系统等新型技术，配合能耗监测及智慧运维管理系统，电能利用效率从投产初期的年均1.50优化至年均1.32，相对设计值从（I1.40降低0.08。

1.充分利用自然冷源，控制空调主机耗电量

得益于内蒙古呼和浩特地区的自然条件，数据中心全板换运行期为每年11月初至次年3月下旬，可连续投运5个月，较使用冷机节省电能约340万kW·h。此外通过人工干预制冷模式，延长板换投运时间，每年10月后开始逐步将一台水冷机组调整为板换使用，次年4月也可同样使用，同时将机房冷冻水供水温度向上调整1℃，板换使用时间可继续延长17天左右，期间不用全部开启水冷机组，继续使用自然冷源制冷。

2.落实机房末端管控，精益运维管理

改善互联网数据中心（Internet Data Center，IDC）机房局部热点调节方法。区域出现"热通道"高温报警（大于35℃），将对应空调末端风机调整为"100%"运行，热通道高温告警无法消除，同时将对应热点附近的机柜盲板拆下，加大局部冷空气循环，这样就可以适当关闭或调低一些空调末端运行频率。根据机房气流组织优化空调末端参数配比。冷通道内服务器分布不均，导致空调末端冷量流失，空调回风温度偏低，两台同型号空调末端总制冷量不变的情况下，60%+100%风机频率运行功耗大于80%+80%风机频率运行功耗，在满足制冷需求的前提下，使空调风机频率保持在70%~90%运行

时最佳。

11.6　中国移动（陕西西咸新区）数据中心

11.6.1　基本情况

中国移动（陕西西咸新区）数据中心位于陕西省西咸新区，园区总面积
26.9万m²，主要用于第五代移动通信（5G）领域相关及数据中心（IDC）业
务。

11.6.2　综合应用实践及效果

数据中心全面应用新型空调末端，采用配电末端母线等高效制冷、供电
技术提高数据中心能效水准，通过持续加大对冷却系统、供配电系统、IT设
备功耗和资源池虚拟化等先进节能技术的研究和优化，年均电能利用效率达
到1.29，较设计指标降低7.2%。

1.贯彻标准化建设方案，加强节能顶层设计

数据中心在建设、运维中贯彻中国移动标准化建设指导意见，对能效水
平进行顶层设计，根据规划电能利用效率目标分解各部分用能环节的电能利用
效率因子，提供设备选型依据，设定运行条件。采用高压离心式冷冻水机组、
冷机群控、高温冷冻水、冬季板换免费制冷、封闭冷通道、恒湿机、余热回
收、高压发电机并机、高频模块化不间断电源等节能技术，数据中心设计电能
利用效率达到1.39。

2.采用新型空调末端，精确控制冷量分配

数据中心全面应用冷冻水列间空调、热管背板空调等新型空调末端。
相比传统房间级精密空调，冷冻水列间空调将热空气循环途径从机房深度缩
短到数个机柜宽，热管背板空调缩短了到服务器至机柜后门的距离，气流组
织精确，减少了冷热空气混合，降低空调送风功率，提高了空调冷量利用效
率。空调末端的电能利用效率从0.1降至0.02～0.03。

3.应用智能供电母线，实现机柜柔性供电

数据中心在机柜配电系统中，采用智能供电母线代替传统的配电柜。智

能供电母线安装在机柜上空，通过插接箱为机柜供电，每列可节约一个机柜的位置。当客户需求变化时，可根据机柜需求功率选择相应规格的插接箱，提高机柜供电的灵活性，可快速响应客户需求，防止因需求变化频繁而更换配电柜及电缆，机房利用率提高5.5%。

11.7 中国移动长三角（南京）数据中心

11.7.1 基本情况

中国移动长三角（南京）数据中心位于江苏省南京市，园区占地69 866.67m²（1亩=666.67m²），其中参评数据中心1号楼总建筑面积24 801m²，主要用于通信领域相关业务。

11.7.2 综合应用实践及效果

数据中心采用高效水冷系统及直流供电技术，结合园区智慧运维管理平台，对数据机房能效进行精准管理，实现数据中心绿色高效运行，数据中心电能利用率水平显著提高。电能利用效率由投用时的年均1.88降至年均1.35。

1.直流列间空调结合高效运维管理手段，改善末端空调能效因子水平

数据中心1号楼采用直流列间空调，减少空调配电损耗；对空置机柜布置盲板，避免冷热通道气流旁通；列间空调送回风设置温差为10℃，水阀最小开度不低于15%，降低列间空调运行能耗；利用智维系统，对机房列间空调能效因子进行针对性管控，最终列间空调能效因子达到0.028。

2.应用新型直流供电系统及高压上楼层技术，降低配电损耗

数据中心应用"巴拿马"直流供电系统（"巴拿马"电源）及高压上楼层节能技术，集成了变压器、低压配电、高压直流、直流输出柜，将输入的10kV交流电源直接输出为直流336V或240V。相较于传统供电方案，省去低压配电系统，设备用电直接从直流母线获取电源。另外，高压上楼层技术，可以有效降低供电输送损耗，降低配电系统能耗损失。通过应用该先进技术，电源损耗可降低到2.5%，而传统的高压直流High Vollage Direct

Current，系统损耗约为5%。

3.利用人工智能技术优化楼宇自控系统逻辑，降低年均冷源能效因子水平

制冷系统除应用高压离心冷机、高效板式换热器、变频冷却塔、变频空调泵外，还通过人工智能（AI）技术与传统楼宇自控系统结合，实现设备频率与台数最佳匹配运行。除此之外，优化控制系统相应算法，通过比对冷却塔出水温度与集水器温差，缩短延时时间，高效利用过渡季节夜间低温，从而延长预冷模式执行时长；在湿球温度13℃以下时，关闭冷机，启用自然冷却模式，延长自然冷源利用时长。通过以上综合手段最终将年均CLF由最初的0.39降至0.19。

11.8 鄂尔多斯大数据中心

11.8.1 基本情况

鄂尔多斯大数据中心位于内蒙古自治区鄂尔多斯市，总建筑面积8 000m^2，主要用于互联网行业客户相关业务。

11.8.2 综合应用实践及效果

数据中心采用先进节能技术、积极使用可再生能源等手段推动数据中心绿色发展，通过应用信息化手段对冷却系统、综合管理系统等不断优化运行，对标先进绿色数据中心不断完善能源管理以提升能效水平。2021年，电能利用效率从投用初期平均值1.58降低到平均值1.46，利用可再生能源占比达50%以上，水资源利用率达到0.03L/（kW·h）。

1.应用高能效冷源系统，节能降耗效果明显

数据中心制冷系统应用自然冷却机组，采用先进的W3000微电脑智能控制系统，通过冷源群控子系统实现根据冷量需求控制制冷系统自动切换，当环境温度低于回水温度2℃时机组开启部分自然冷却，其自适应功能在满足总冷量需求的前提下最小化压缩机工作，最大化自然冷却，保证机组以最节能的方式运行，在冬季充分利用北方地区丰厚的自然冷源优势，无须启动压缩机制冷，有显著节能降耗效果。

2.应用闭式水循环系统，充分利用水资源

数据中心机房采用风冷方式对机房内设备降温，闭式水循环制冷系统吸收机房内信息设备热量，通过冷机或者板换将热量交换到风冷系统中，再经风冷将热量输送到大气中，在无故障的情况下，闭式冷冻水循环系统内水可重复利用，冷冻水重复利用率达到99%，2021年水循环制冷系统及机房加湿共消耗水资源155m²，水资源利用率达到0.03。

3.应用数字化手段结合考评机制，不断提升管理水平

数据中心应用综合监控平台系统对中心内告警、视图、能耗、报表、权限、日志和组态设计等进行全方位管理，基于能耗基础数据进行评估、预警，针对能耗数据异常变动及时定位问题，并对能耗使用策略进行优化。建立能源管理体系，明确能耗双控目标，编制考核指标分解落实到人，同时制定相应的奖惩办法和长效考评机制，采取现场检查与月度考核相结合的方式，电能利用效率值对比投用初期下降8%。

11.9　包头联通智云数据中心

11.9.1　基本情况

包头联通智云数据中心坐落于内蒙古自治区包头市，总建筑面积500m²，主要为企业、政府提供服务器托管、租用及相关增值等方面服务。

11.9.2　综合应用实践及效果

数据中心采用《绿色数据中心先进适用技术产品目录》中的氟泵自然冷机组（空调机组）等节能技术，建立了完善的能源管理制度、绿色管理制度和数据中心运维制度体系。数据中心电能利用效率由2020年度的1.52下降至2021年度的1.24。

1.应用高能效冷源设备等先进适用技术产品进行建设

数据中心为了积极响应《关于加强绿色数据中心建设的指导意见》，选用《国家通信业节能技术产品目录》推荐的氟泵自然冷机组（空调机组）等技术产品。氟泵自然冷机组（空调机组）使用氟泵双循环空调系统，采用智

能双循环设计，充分利用包头地区室外自然冷源丰富的优势，在冬季或过渡季室外温度较低时，利用制冷剂泵（氟泵）对制冷剂进行室外循环换热，充分利用室外自然冷源；在夏季或过渡季室外温度较高时，采用压缩机对制冷剂进行压缩循环换热。此种智能双循环设计能够在全年一定时间内不必开启压缩机制冷，空调整机节能约70%。

2.应用数字化手段进行智慧化管理

数据中心使用动力环境监控系统、PUE监测系统和智能管控平台，实时监测数据中心供电、供冷设备的运行状态及流量。采用智能巡检系统监测系统的运行状态。同时制定能源管理制度、节能奖惩实施细则、节水管理制度等，加强能耗统计分析，通过信息化手段有效管理数据中心，真正做到"看得见、管得住、能追溯"。

11.10　中国移动（重庆）数据中心

11.10.1　基本情况

中国移动（重庆）数据中心位于重庆市。数据中心分多期建设，参评部分总建筑面积50 000m²，主要用于通信领域相关业务。

11.10.2　综合应用实践及效果

数据中心采用高压柴油发电机并机运行作为后备电源保障，采用高压离心机与开式冷却塔，并采用背板空调、列间空调等多种新型空调末端。同时践行绿色理念，修建雨水回收系统以及采用太阳能照明，环保节能。年回收利用雨水超1 000t，电能利用效率达到1.397，相对设计值降低0.06。

1.采用热管背板空调末端

利用工质相变实现热量快速传递，把数据中心内IT设备的热量带到室外，实现室内外无动力、自适应平衡的冷量传输，贴近热源制冷，大幅提升机房显热比，增加机房机柜装概率，降低土建成本，提高能源利用率。

2.采用模块化不间断电源

在提升系统冗余度的同时，也使得系统结构极具弹性。根据系统负荷的大小，调整投入运行的模块数量，使系统容量也"随需扩展"，提升UPS系统带载率，年节电超5万kW·h。

3.应用蓄冷罐技术

根据数据中心热负荷特点，采用母联+蓄冷罐放冷+主机制冷的运营模式，白天蓄冷罐放冷，晚上主机制冷，提升空调系统运营效率。同时根据环境温度的变化，制定冷却水温度动态调节机制，实现冷却水温度的最佳优化控制，夏季将冷却水的供回水温度调节为32℃与37℃，冬季则调节为20℃与25℃，降低空调系统总能耗。

11.11　中国移动（宁夏中卫）数据中心

11.11.1　基本情况

中国移动（宁夏中卫）数据中心位于宁夏回族自治区中卫市，总占地面积130 00 m²，1亩=666.667 m²，参评1号机房楼总建筑面积153 737.85m²，主要用于通信领域相关业务。

11.11.2　综合应用实践及效果

数据中心采用"水冷+风冷"的双冷源系统，结合间接蒸发冷却技术，引入可再生能源电力、数据中心基础设施管理系统和人工智能（AI）节能系统、精益化运维管理等手段，有效降低数据中心实际能耗，通过空载不间断电源旁路运行、冗余油机电加热冷备、蓄冷罐调蓄运行等节能方式，最近一年的电能利用效率降至1.27，冬季降至1.20。

1.应用高效冷源

冷源系统采用"冷机+板换+冷却塔"的结合方式，气温较高时使用冷机模式、气温较低时采用板换模式，最近一年实际运行电能利用效率达到1.27，后续有望持续优化。

同时园区采用余热余能回收系统，以机房回水作为热源，为整个园区进行供暖，同时将冷冻水制冷，循环至机房继续为设备降温。经过测算，每年可为数据中心节约电费及供暖费用约20万元。

2.应用数字化手段，提升运维能力

数据中心安装有能源、资源信息化管控系统，包括：动力环境监控系统、数据中心基础设施管理系统、人工智能节能系统及动环设施集中运维管理平台，可实时监视各系统设备的运行状态及工作参数并提供智能化分析。

通过对海量数据进行采集和处理，运用深度神经网络算法学习，自动寻找出制约电能利用效率的关键因素，进而推理出在当前IT负载、在室外温度制约条件下，冷站末端空调等系列设施的最佳参数组合，被监督下发，高效运行，最终实现数据中心的能效最优。经过测试，测试期间电能利用效率（PUE）平均降低了3.5%，未来将进一步优化参数，进行更多数据采集并通过AI训练，目标可降低10%左右。

3.精益化运营管理，持续优化电能利用效率

在低工况模式下，采用蓄冷罐调蓄运行，空载不间断电源旁路运行，冗余油机电加热冷备运行等方案；在负载较高时，通过提前使用双冷机模式运行，并结合调整冷塔及风机频率主系统参数及末端空调参数实现制冷设备整体能耗下降，从而实现最大程度节能，该模式每月可为数据中心节省电费7万余元。

11.12 中国移动（甘肃兰州）数据中心

11.12.1 基本情况

中国移动（甘肃兰州）数据中心位于甘肃省兰州新区，园区总规划建筑面积10.99万m²米，参评一期数据中心总建筑面积32 959 m²，主要用于通信领域相关业务。

11.12.2 综合应用实践及效果

数据中心采用"高压离心式冷水机组+开式逆流冷却塔+板式换热器"的供冷方式，应用余热回收技术等先进节能技术产品，通过对制冷系统、供配电系统和IT设备功耗等方面开展节能优化。数据中心电能利用效率由2020年度的1.47下降至2021年度的1.3975，可再生能源利用率40%。

1.建立高效冷源系统，充分利用清洁能源

数据中心地处寒冷地区，拥有优质的自然冷源。综合考虑自然冷源利用、投资及系统运维安全等因素，数据中心机房楼空调冷源采用大容量的10kV高压离心式冷水机组+开式逆流冷却塔+板式换热器+热管空调的供冷方式。冬季冷却水供回水温度为14℃与19℃，具备多种运行模式。年均全自然冷却时间达2 568h，年节电约215万kW·h。设置螺杆式水源热泵机组，通过回收机房余热，为园区维护支撑用房供暖，供暖面积超过7 500 m²。

2.采用智能化调控，优化空调系统能耗

数据中心设置空调系统智能化控制管理平台，实现制冷站可视化管理，自动进行能耗计量与数据管理分析。根据负荷动态监控温度、湿度、压力、流量。此外，还可进行手动和自动模式切换，满足维护管理需求，采用智能群控后数据中心制冷系统节电率约能达到8%。

11.13 中国联通重庆市水土数据中心2号楼

11.13.1 基本情况

中国联通重庆市水土数据中心2号楼位于重庆市，总建筑面积2 117 m²，主要用于通信领域相关业务。

11.13.2 综合应用实践及效果

数据中心通过持续加大对冷却系统、供配电系统、IT设备功耗和资源池虚拟化等方面先进节能技术的研究和优化，构建清洁低碳安全高效能源体系，电能利用效率从投用初期的平均值1.72降低到2021年度的平均值1.35。

1.采用绿色节能产品，加强先进技术应用

数据中心选用《国家绿色数据中心先进适用技术产品目录》推荐的高效绿色节能产品，包括使用超出国家1级能效指标要求的变频离心式冷水机组、循环水泵产品设备及水蓄冷等先进技术，通过产品自身和系统运行节能，大量节约电力消耗。

2.配置智能管理系统，提高能源利用效率

数据中心对冷源系统、电力系统、机房环境系统等进行集中监控，通过云能效分析系统对电能利用效率、能耗占比、温湿度变化等进行智能比对分析，查找判断运行存在的问题和原因，使分析的数据结果最终体现在实际的运维动作上，保证了能效分析的指导性、时效性和可操作性，实时调整运行策略，减少能源浪费。

11.14　中国电信苏州太湖国际信息中心

11.14.1　基本情况

中国电信苏州太湖国际信息中心位于江苏省苏州市，总建筑面积53 333 ㎡，主要用于通信领域相关业务。

11.14.2　综合应用实践及效果

数据中心采用高压直流系统、SCB13型立体卷铁芯干式变压器提高电能转化效率，在自然冷源利用、智能调控、重力热管空调、智能母线、水处理等方面进行创新尝试，先后投入8 800万元资金，落实了一系列绿色节能措施，数据中心年均电能利用效率从投运初期的1.5降至2021年的1.39。

1.开发数据中心电力负荷弹性分配系统，提高电源效率

数据中心技术团队设计开发了数据中心电力负荷弹性分配系统，并在数据中心开展试点应用。该系统基于配电"云池"概念，将配电系统资源池化设计，各个机柜按需接入使用，从而大幅增加了内负荷调配能力，可以适应各期机柜负荷参差不一的需求，提高配电灵活性，实现机房布置集约化，在实现电力资源的弹性分配、灵活调整、重复利用的同时，解决了普遍存在的插接头发热的问题，提高了对于数据中心机柜布置的适应性和可靠性。经实际投入应用评估分析，该系统可提高机房空间利用率，提高不间断电源使用率10%左右。目前数据中心电力负荷弹性分配系统已获发明专利。

2.创建智能空调系统，延长自然冷源使用时间

数据中心团队试验建设了基于智能化动态调节的数据中心制冷系统空调

系统，冷源采用新型热管复合冷源机组，末端采用背板形式（复叠式风冷\水冷换热器），延长了自然冷源使用时长。在室外干球温度30℃以下时，热管系统可利用自然冷源，全年混合制冷时间达到5 000h以上，全年完全利用自然冷源时间近3 000h，相比采用板式换热器的冷冻水系统，该系统自然冷源利用时长增加90%，系统能耗较传统水冷空调系统降低30%。目前基于智能化动态调节的数据中心制冷系统空调系统已获发明专利。

3.应用自适应电流净化终端，减少供电损耗，延长设备寿命

数据中心应用智能自适应电流净化终端，达到节能降本的效果。智能型电流净化终端采用自适应模型预测优化算法，将各电能质量因子输出比例弹性调节，既保证了各种电能质量问题的治理，同时提升装置的利用效率。对数据中心供电质量的优化治理，使得谐波干扰、零线电流、容性无功等现有隐患得以整体解决，使得供电网络更安全、更绿色，同时减少供电损耗约1%，延长了设备寿命。

11.15　中国移动（山东青岛）数据中心

11.15.1　基本情况

中国移动（山东青岛）数据中心位于山东省青岛市，总建筑面积15万同m²，主要用于通信领域相关业务。

11.15.2　综合应用实践及效果

数据中心统筹考虑运维与工程节能设备选型、绿色新技术应用，多举措降低能源消耗。2021年PUE值为1.40，较2020年下降0.02。

1.加强自然冷源高效利用，改善电能利用效率

数据中心在绿色、低碳方面，采用多种工作模式与技术，提高能源利用效率，降低能源消耗。根据季节变换和外界温度，空调冷源系统采用三种制冷模式：当室外湿球温度不低于11℃时，进入冷机开启工作模式；当室外湿球温度在6℃到11℃区间时，进入冷机+板换联合制冷模式；当室外湿球温度不高于6℃，系统进入完全自然冷却模式，不开启高压冷机，进入冬季自然冷源模式。在冬季

自然冷源工作模式下，4个月不启用高压冷机，可节电800万kW·h。

2.智能管控应用，节能降耗要效益

为推进数据中心节能减排、降本增效，数据中心建设动力环境监测系统、空调冷源群控系统、电力监控系统、数据中心基础设施管理综合管理平台，实时监视各系统设备运行状态和工作参数，实时显示各系统能源、资源使用情况，提供智能分析功能，优化并给出维护策略，确保数据中心低能耗、高性能运行。

数据中心采取提高机房空调回风温度、优化机房照明方案、提高冷水机组出水温度、延长板换开启时间、加装服务器盲板等措施降低能源消耗，综合下来每年电能消耗降低5%。

3.创新蓄冷罐应用模式

将园区闲置蓄冷罐同时接入到投产的机房楼制冷系统，实现两个蓄冷罐同时在线。一个蓄冷罐作为空调系统应急保障措施用，另外一个蓄冷罐参与充放冷，夜间把高压冷机制作的冷量储存起来，白天作为冷源释放冷量，从而减少冷机运行时间。这种方案在装机量小的初期，能够很好地避免冷水机组喘振，提高能效比，同时又可以利用峰谷电差实现良好的节能节费效果。

11.16　数据港-阿里巴巴张北中都草原数据中心

11.16.1　基本情况

数据港-阿里巴巴张北中都草原数据中心位于河北省张家口市，总建筑面积61 497.7m²，主要应用于互联网领域相关业务。

11.16.2　综合应用实践及效果

数据中心通过绿色设计、精益运维管理、节能诊断与改造等方式，年均电能利用效率从2020年的1.26降低到2021年的1.21，且数据中心直购市电中可再生能源占比为47.6%。

1.暖通绿色设计

依据张北坝上地区特殊的地理及气候条件，数据中心采用干冷器为主冷源，依靠外界较低的环境温度下的冷空气冷却循环水，并采用水喷淋形式，可实现全年干冷器8 000h利用率，制冷能耗降低59%，水资源使用效率为0.07L/（kW·h）。

2.电气绿色设计

将数据中心变电所位置深入负荷中心（供电范围小于200m），缩短长度、降低线路损耗。在0.4KV低压侧配置自动无功补偿装置，加设静止无功发生器（SVG）进行可调无功补偿并抑制三次及以上谐波，可实现功率因数（10千伏侧）不小于0.9，提高电能利用效率。

3.运用系统优化技术

根据运行数据调整空调末端压差，对水泵与干冷器风扇频率上限进行优化，提高楼宇暖通自控系统增加电池间报警温度设置及变配电室、水冷空调、电池室风冷空调的温差等参数，优化逻辑控制，每天可节电约5 390kW·h。

11.17 （万国数据）智能数据分析应用平台云计算数据中心

11.17.1 基本情况

（万国数据）智能数据分析应用平台云计算数据中心位于河北省廊坊市，总建筑面积33 844m²，主要用于互联网领域相关业务。

11.17.2 综合应用实践及效果

数据中心应用间接蒸发、锂电池、冷板式液冷等技术，并批量部署16kW、25kW、30kW液冷服务器机柜。通过不断地投入和努力，2020年12月至2021年11月电能利用效率最低可达1.15。

1.采用高能效制冷技术，充分利用自然冷源

数据中心采用间接蒸发冷却技术、冷却塔+板换+液冷技术（冷板式），充分利用自然冷源，取消了制冷机组，相比传统冷冻水系统有明显的节电节水优势。

自然冷源利用效率以河北廊坊地区为例，采用间接蒸发冷却每年自然冷

利用时长约6 000h，比冷冻水方案多1 000h；间接蒸发冷却技术年综合能效比可大于15。

2.采用先进液冷技术，提升单机柜功率

数据中心部署有冷板式IT液冷服务器，冷却水系统供回水温度为34℃与42℃，可充分利用自然冷源，实现无冷机运行，降低数据中心制冷系统能耗。系统安全性、易维护性升高，系统维护费用较传统降低50%左右。

3.采用磷酸铁锂电池作为后备能源，降低对环境影响

磷酸铁锂电池使用寿命比传统铅酸电池长一倍，可达10年，循环使用次数可达5 000次，是铅酸蓄电池循环次数的30～50倍。磷酸铁锂电池适合大电流短时备电场景，可放出的能量更多。铅酸电池实际占地面积约是磷酸铁锂电池的6倍；实际重量约是磷酸铁锂电池的5倍，磷酸铁锂电池对机房承重要求小于1 000kg/m³，无须考虑专业电池间。

11.18　紫金云数据中心

11.18.1　基本情况

紫金云数据中心位于甘肃省金昌市，总建筑面积约15 362m²，主要用于互联网领域相关业务。

11.18.2　综合应用实践及效果

数据中心采用"自然冷却+风冷+蒸发冷却"的冷源系统、利用余热回收技术、应用智能化运维管理平台、大量使用新能源电力等绿色节能技术推动数据中心绿色发展，电能利用效率从投运之初的1.67降至2021年度的1.30，水资源利用率达0.55L/（kW·h）。

1.广泛使用绿色节能新技术，实现能源高效利用

数据中心，积极选用软件定义数据中心、蒸发冷却式冷水机组、水蓄冷、数据中心能耗监测及运维管理系统、数据中心高效冷水机组、数据中心智能管理系统等《绿色数据中心先进适用技术产品目录》和《国家通信业节能技术产品推荐目录》推荐的绿色节能技术，实现能源资源高效利用，电能利用效率达1.30，水资源利用率达0.55L/（kW·h）。

2.建立高效能源系统，充分利用自然冷源降低能耗

空调系统采用集中式冷冻水空调系统，针对西北地区全年气温较低、水资源短缺的特点，冷源采用50%带自然冷却的风冷冷水机组+50%带自然冷却的蒸发冷却冷水机组，在节能的同时达到节水的目的。每台制冷机组均集成自然冷却功能，可根据环境温度在机械制冷、机械制冷+自然冷却、完全自然冷却三种模式下自动切换运行，通过空调群控系统自动控制功能实现最佳运行模式选择，优先利用天然环境的低温空气冷却循环冷冻水。冬季时，可充分利用金昌地区丰富的自然冷源资源，大幅提高机组制冷效率，机组制冷性能系数可达30，全年可利用自然冷源时间可达5 590h，占全年运行时间的63.8%。

3.应用数字化手段进行能耗智慧化管理，不断提升数据中心节能水平

数据中心配置了数据中心智能管理、动力环境监控、电力监控、空调群控等先进的智慧化管理系统，设置能效管理模块，实时监控各设备、点位能源消耗和能效情况，对采集的数据进行分析、诊断，优化节能控制措施和策略，不断提升数据中心能效水平，电能利用效率值比投用初期下降0.37。

11.19　腾讯怀来东园云数据中心BD1栋

11.19.1　基本情况

腾讯怀来东园云数据中心BD1栋坐落于河北省张家口市，建筑面积6 000m²，主要用于互联网领域相关业务。

11.19.2　综合应用实践及效果

数据中心采用腾讯T-block技术，通过对多种国家绿色数据中心先进适用技术产品的应用和腾讯智维平台的助力，以及融合精细化运营管理体系，年均电能利用效率从2020年的1.28降低到2021年的1.22。

1.应用模块化数据中心技术，实现快速交付

数据中心采用腾讯第四代数据中心T-block技术，实现模块化设计、一体

化交付、集群化部署、灵活按需建设的高效智能化数据中心产品。按物理功能分为IT方舱、空调方舱、电力方舱等特定的数据中心功能方仓，可按需组合和弹性布置，实现数据中心房间级、建筑级、园区级等规模化快速交付。

2.建立高能效冷源系统，充分利用自然冷源降低能耗

数据中心采用间接蒸发制冷机组充分利用自然冷源供冷，在环境干球温度不高于15℃时可以实现完全自然冷却，环境温度在15℃到18℃时可以实现间接蒸发制冷，减少机械制冷负荷，从而降低制冷用电能耗。

数据中心冬季利用的回风余热二次提温辅助多联机供热，节省了采暖费用，降低能源消耗，同时还降低了间接蒸发制冷机组室外风机转速，进一步降低制冷用电能耗。

3.应用腾讯自研智维平台，推动精细化管理

数据中心采用腾讯自研智维平台进行精细化容量管理和能源管理。腾讯智维平台具备碳排查、负荷预测、可再生能源利用情况分析等能力，能够实时自动精确获取能源数据并进行精细化地分类、统计和科学建模，给出最经济的节能减排方案。

同时腾讯智维平台搭载的蓄电池人工智能诊断模块，精确判断并预测蓄电池健康状态，以便更科学地延长蓄电池使用时间，降低运营成本，提升资源利用率。

4.应用智能机器人巡检系统

数据中心内配备智能机器人巡检系统，智能巡检机器人可按定点路径、指定点巡检、遥控巡检。智能巡检机器人配备高清可见光视频监控、噪声监测、温湿度检测、硫化物检测、$PM_{0.5}$检测、可见光图像智能判别、红外测温等模块，并具备巡检报表分析与历史数据分析等功能，实现自主或遥控的方式替代人工执行巡检任务，降低人员进出频次。

11.20　润泽数据中心A-2

11.20.1　基本情况

润泽数据中心A-2位于河北省廊坊市，总建筑面积43 240.77m²，主要用

于云计算及数据存储中心业务。

11.20.2　综合应用实践及效果

数据中心建立了完善的绿色运维管理体系、目标、记录，制定运维策略制度，组建绿色运维团队。通过技术改造及提升精细化管理水平，电能使用率（PUE）从设计初的1.43降低到2021年度的平均1.25。

1.充分利用自然冷却及设备变频技术，降低制冷系统能耗

数据中心制冷系统中水冷主机、冷却塔、水泵均采用变频控制，楼宇自动控制系统精确管理末端空调温度和供水流量，同时配备了板式交换器。按照冷机在机械制冷工况，平均负载率70%计算，年节电超1 300万kW·h。

2.冷通道封闭，降低空调能耗

机房采用封闭式冷通道，将冷通道与外界封闭隔离，形成热通道和冷通道，对机柜间缝隙进行封堵，封闭未运行冷池，保证冷通道密封性。通过改造IT耗电，同比降低60万kW·h。

3.优化空调控制方式，降低空调能耗

数据中心空调系统采用节能控制技术。对空调运行模式进行优化调整，将回风控制调整为节能的送风控制。用送风温度控制时，由于送风温度是直接控制对象，混风的影响没有直接体现到负载的控制上，只需根据机房设备的实际情况，设置合适的送风温度控制点即可。空调水阀由100%常开转为根据送风温度自动调节。通过这项优化，制冷系统全年用电减少约200万kW·h。

11.21　百度云计算（阳泉）数据中心

11.21.1　基本情况

百度云计算（阳泉）数据中心坐落于山西省阳泉市，园区规划用地约240 000m²(1亩=66.667m²)，一期建筑面积为11.99万m²，主要为百度搜索+信息流、智能云、智能驾驶等业务提供支持。

11.21.2　综合应用实践及效果

数据中心通过持续加大对冷却系统、供配电系统、IT设备功耗等先进节能技术的研究和优化，电能利用效率年均可达1.15，相比设计值降低0.22。

1.应用数字化手段进行智慧化管理，实现故障预判

百度智能散热监控系统实现了服务器负载预测、湿球温度预测、电能利用效率预测等基础的智能化预测模块。基于百度自主研发的飞桨深度学习平台，实现系统冷源、空调系统人工智能调优，可用性达到90%以上。经过实际测算，采用百度数据中心人工智能调优产品，可有效降低15%～40%制冷循环系统能耗。目前百度人工智能散热在百度各自建机房广泛应用，覆盖规模为30MV，年节电约2 700万kW·h。电能利用效率同比降低0.1，每万台服务器全年实现节能100万kW·h。同时可以通过系统设备的感知和监控，实现系统故障定位和故障预判，提前进行维护和保养，提高故障处理效率，确保数据中心安全、高效及稳定运行。

2.应用"冰川"相变冷却系统，力争极致算力、极致能效、强适应性、快速交付

百度自主研发的"冰川"相变冷却系统，拥有30余项专利。通过数据中心级大相变制冷循环，实现高效率热量搬运。百度以气泵、液泵、蒸发冷凝器和并联末端为硬件基础，辅以人工智能控制，可根据实际需求匹配相应扩展方案，满足不同区域及场景的限制条件，灵活满足数据中心的制冷需求。除百度云计算（阳泉）中心外，已在北京、河北等其他项目落地应用，并持续高效稳定运行三年。全年CLF均值低至0.035，较传统方案能效降低40%，大幅降低电能利用效率，年均电能利用效率（PUE）可达1.13。

3.应用高效供电架构，提高供电效率

数据中心突破传统架构的束缚，首度采用市电主供，240V高压直流离线备用的供电架构，最大限要度保证系统运行在市电供电状态，避免不间断电源设备功率变换器件运行中产生的损耗，供电效率高达99.5%，将电源转换效率做到极致。

数据中心部署国内首批内置式锂电池机柜，彻底去除了不间断电源设

备和铅酸电池的配置，不仅节省机房空间25%以上，还将供电效率提高至99.5%。锂电池充放电效率高，一般可达到97%～99%，而铅酸电池充放电效率最高只有92%～95%。并且锂电池不需要浮充，而铅酸电池必须长期保持浮充状态。锂电池工作温度范围宽，不需要配置空调。而铅酸电池工作温度范围需要在20℃～25℃，需要配置空调。另外铅酸电池充电过程会产生氢气和氧气，锂电池充放电过程中气体零排放，无额外气体产生。所以使用锂电池可降低能耗，减少空调制冷配置，无须具有专业排气装置的电池机房，从而降低电能利用效率。另外，锂电池维护更智能，自身的智能化电池管理系统及控制单元可实现从通信、检测到管理的全方位保护。锂电池具有占地面积小、寿命长、运维投入少、能耗低等优点，因此数据中心采用锂电池代替铅酸电池已是必然趋势。

11.22　川西数据2#数据中心

11.22.1　基本情况

川西数据2#数据中心位于四川省雅安市，总建筑面积1.2万m²，主要用于互联网领域相关业务。

11.22.2　综合应用实践及效果

数据中心通过持续加大对基础设施升级、数字化运维、人工智能大数据能耗分析的研究、探索和优化，电能利用效率从设计的1.449降低到2021年度的1.30以下。

1.高效绿色节能设计和使用高能效冷源设备，提升能源利用率

结合雅安得天独厚的气象资源，数据中心在设计规划中融入了绿色节能理念：一方面采用先进的间接蒸发自然冷技术；另一方面采用冷水机组—配套板式换热器，在秋冬季或过渡季节利用室外低温，由冷却塔及板换提供的冷冻水直接制冷。通过采用高效离心冷水机组，对冷却塔、水泵等进行变频控制；房间级空调配套群控，IT机房采用冷通道封闭加行级空调，2#数据中心全年电能利用效率实测值小于1.3。

2.开展节能技术改造，实现减少排污、节约补水、降低能耗

数据中心于2021年10月30日完成节能诊断服务。即通过第三方机构现场调研，开展节能诊断和技改，进一步优化冷却塔管道和进行变压器升级改造：增设的复合电吸附除垢装置减少排污量和补水量；2#楼实现年减少排污约3 663.3t，年节约补水约3 654.7t；变压器从3级能效提升到2级能效，年节电约15万kW·h。

3.应用数字化手段实现智慧管理、AI能源分析，达到降低能耗

2#数据中心现建有园区级数据中心运维管理平台，实现一屏统揽全局。可视化运营门户平台对接大屏，集中呈现各生产楼的能源指标、运营指标、实时运维数据等。人工智能业务中台与能源管理模块耦合，组成AI能源大数据分析系统。数字化运维作为枢纽，能远程接入，即将部署在各生产楼的智能巡检机器人系统。通过可视化运营门户平台系统中的AI大数据分析能耗管理平台及精细化管理，对高耗能区域进行设备参数优化、区块化管理，进而降低能耗。

11.23　万国数据成都数据中心

11.23.1　基本情况

万国数据成都数据中心位于四川省成都市，总建筑面积57 081.13m²，主要用于互联网领域相关业务。

11.23.2　综合应用实践及效果

数据中心供电系统采用高压直流系统，其他系统主要耗电设备均采用变频配置，通过自动化及动态化管理的不断完善，对园区能耗进行精益化管理。全年电能利用效率从投产初期的1.54降至1.32。

1.使用绿色目录产品，提高数据中心节能技术水平

数据中心为了积极响应国家节能减排号召，优先采用国家《绿色数据中心先进适用技术产品目录》推荐的技术产品。主要耗电动力设备如变频离心式冷水机组、循环水泵、精密空调、冷塔风机等均采用变频配置，年均能耗

降低20%以上。使用的高压直流电源系统为高可靠性、高性能，且满足节能减排要求的新一代电源产品。

2.高效利用自然冷源，有效应用自然冷却

冷源系统上采用闭式冷却塔，充分利用自然冷源，冬季利用较低的室外气温关闭冷水机组，利用闭式冷却塔的冷却水提供冷源，减少冷水机组开启时间，降低能源消耗。全年约2 300h可不开冷水机组压缩机，大大减少了压缩机运行时间。

3.应用自动化管理系统，提升能耗动态管理水平

升级人工智能自动化控制系统，打造楼宇自动+自控系统，在传统楼宇自动化系统基础上自感知湿球温度变化自适应湿球温度逼近度，精准无人实现节能降耗。动态调整冷塔出水温度实现多塔低频运行，全年最大限度利用自然冷却及预冷时间，有效降低PUE。

11.24 成都珉田数字产业园1#数据中心

11.24.1 基本情况

成都珉田数字产业园1#数据中心位于四川省成都市，建筑面积约25 233m^2，主要用于互联网领域相关业务。

11.24.2 综合应用实践及效果

数据中心优先采用绿色节能产品设备，建立高效的机房制冷节能策略，做好废弃物无害化处理。电能利用效率达到1.29（设计值为1.40）。

1.安装绿色节能设备，从设备端降低能源消耗

数据中心优先选用《国家绿色数据中心先进适用技术产品目录》推荐的模块化不间断电源、氟泵多联循环自然冷却技术及机组、空调室外机雾化冷却节能技术、数据中心能耗监测及运维管理系统。目前模块机房共投入带氟泵空调80余台，电费节省约为96万元，同时减排二氧化碳排放750余吨，此外氟泵空调不需要使用水资源，避免了数据中心大量的水资源的消耗。

2.建立高效的机房制冷节能策略，高效利用冷量，提升空调制冷效率

模块机房采用空调下送风密封冷通道供冷，有效提高冷气利用率，降低冷量损耗，冷通道内采用可调节透风板，可按机柜启用情况调节局部通风量，同时机架安装盲板，避免热短路现象。冷气从冷通道底部进入，通过IT设备带走热量进入热通道，再返回空调完成一个循环，提高精密空调的制冷效率。

11.25　首融云计算数据中心

11.25.1　基本情况

首融云计算数据中心位于北京市，总建筑面积约16 617m^2，主要用于互联网领域相关业务。

11.25.2　综合应用实践及效果

数据中心冷源系统采用一次泵+环网塔的架构，通过将人工智能控制技术植入楼宇自动化控制系统等创新节能技术，通过获得可再生能源证书方式，部分能源开始使用陆上风电，年使用量占比为13%；通过配置高效模块化不间断电源系统，累计提高其运行效率2%～3%；通过环网塔+楼宇自动控制智能化算法，充分延长自然冷却时间。2021年电能利用效率从2020年的1.279降到2021年的1.25。

1.设计选用先进高效技术产品，大幅降低不间断电源系统损耗

数据中心不间断电源系统采用高效、高功率因数、低谐波畸变率的双极型晶体管复合器件整流型设备，不仅提高了供电效率，而且节省了无功补偿设备和谐波治理设备的配置和运行损耗。典型工况运行效率比传统12脉冲整流+内置输出变压器的UPS提高2%～3%。

2.应用数字化、智能化技术，实现全天候节能

制冷系统在运行控制方面采用先进的自动控制技术。冷冻泵根据负荷变化采用闭环比例、积分、微分控制算法，调节水泵频率。

通过在楼宇自控系统中植入人工智能控制技术实现冷却塔温度全天候自动调节，该技术主要基于冷塔湿球逼近度算法，精准无人实现节能降耗。全

年最大限度利用自然冷却及预冷时间，自然冷却运行时长达3 940h，占比为45%，PUE累计贡献值–0.078。

末端精密空调配置离心式（Electrical Cornmutation，EC）风机，与传统涡壳离心风机相比，在相同的风压和风量且全转速条件下，功耗下降20%左右，在部分转速下的节约比例更高。

3.升级运维管理方式，利用自动化装置实现节能

数据中心水处理加药装置原设计排污需要通过人工手动开关阀门来实现电导率的控制。运维团队通过对原有水处理系统改造升级，实现了电导率在线监测、流量实时统计、排污自动开关、加药量自动调节功能。改造升级后该套设备可以精准控制电导率在设定值1 500μS/cm左右，控制精度±25μS/cm。根据实际运行情况，改造后的冷源系统每年能降低2%左右的耗电量，约合降低0.002电能利用效率，年节电约12万kW·h。

11.26　广州科云（永顺）数据中心

11.26.1　基本情况

广州科云（永顺）数据中心位于广东省广州市，总建筑面积为3.55m²，主要用于互联网领域相关业务。

11.26.2　综合应用实践及效果

数据中心采用微模块、冷板式液冷、氟泵、变频改造及人工智能等手段，2021年平均电能使用效率为1.316，优于设计值1.40。

1.应用微模块产品建设，实现能耗精细化管理

数据中心应用微模块产品建设，在保证供电可靠性的前提下，通过使用一路高压直流+一路市电直供的方式，简化供配电能量转换环节，减少供电损耗。微模块冷通道内行间送风的方案可大幅提高空调系统效率，送风和回风处于小范围内，气流组织互不干扰，对地板高度无要求，大大提高了制冷效率，实现了快速建设，以达到扩容互不影响的目的。同时微模块具有完善的监测和控制功能，其包括环境系统（漏水检测、温湿度、烟感、摄像头

等）、配电系统、空调系统、安全系统，通过直观界面实现机房设备的集中监控，以实现最小颗粒度的能耗管理。

2.开展节能技术改造，有效节约能耗

冷板式液冷系统通过芯片级制冷方案制冷效率高的优势，解决高密度服务器的散热问题，降低冷却系统能耗及噪声。

通过氟泵模块配合冷水机组制冷，根据室外环境温度情况，减少冷机开启时间，充分使用自然冷源，降低空调耗电。

定频冷水主机变频改造，利用变频主机能效比高的特性，提高功率因素，减少无效功功率损耗；具有自动节能控制功能，能根据负载情况自动调整电压，电机运行效率高；软启动、启动时无大电流冲击等优势，通过节能改造节约能源，降低维护成本。

3.应用数字化手段，实现智慧化管理

通过人工智能数据感知、AI分析及意愿洞察三大能力植入数据中心暖通系统节能管理，通过软硬件深度耦合，经数据采集与上传、数据治理、模型训练和推理运算四步实现数据中心暖通系统节能。

通过AI大数据分析，基于神经网络的深度学习，对暖通系统参数进行提取和训练，自动学习最优运行策略，节能可达8%。电能利用效率模型最大误差低至0.005，能够精准预测数据中心能效情况，控制策略经AI系统、运维专家系统、群控系统三重过滤，可靠性更强，保障数据中心稳定运行应用数字化手段进行智慧化管理。

11.27 万国数据上海四号数据中心

11.27.1 基本情况

万国数据上海四号数据中心位于上海市浦东新区，总建筑面积26 321m²，主要用于互联网领域相关业务。

11.27.2 综合应用实践及效果

数据中心是万国数据通过持续对冷源系统、动环监控系统、供配电系统等方面数字化、智能化改造升级，结合节能诊断服务、第三方评测等节能措施实施，电能利用效率从投用初期的平均值1.59降低到2021年度平均值1.28。

1.采用节能电力供电系统，极大降低电力系统损耗

数据中心采用"高压直流+市电"的绿色节能供电系统，负荷端一路由高压直流设备，为IT设备供电，相较于传统不间断电源供电模式减少直流逆变环节，减少电力转换中间环节，同时HVDC能够实现按负荷自适应休眠启用，降低电力系统损耗，另一路由市电直供，极大降低系统电力损耗，实现年均供电负载系数约0.1的水平。

2.建立智能化冷源系统，提高冷源系统运行效率、充分利用自然冷源

数据中心的冷却塔、水泵、冷水机组等均采用变频控制，楼宇自动控制系统根据负载情况进行比例–积分–微分实时调节，实现部分负荷时段的变频节能运行；根据末端负荷总需求自动增减冷机运行台数，使冷机处于高效率区间运行。楼宇自动控制系统根据室外湿球温度，实现冷源的机械制冷、预冷、自然冷却三种运行模式精确控制运行，充分利用自然冷源，自然冷却运行时长约2 800h，占比32%。CLF显著下降至约0.14的水平。

11.28　润泽数据中心A-5

11.28.1　基本情况

润泽数据中心A-5位于河北省廊坊市，总建筑面积40 669.83m²，主要用于互联网领域相关业务。

11.28.2　综合应用实践及效果

数据中心建立了完善的绿色运维管理体系及目标，制定了节能降耗制度并建设绿色运维团队，定期对管理和运维人员进行节能技能培训并建立规范化、可追溯、完整的工作目标考核制度，提高人员素质及团队绿色节能素质。通过持续技术改造，优化楼宇的控制及制冷系统控制策略，充分利用自然冷源，并利用智能化管理平台提升管理水平。年均电能利用效率为1.32，

相比设计值降低0.13。

（一）采用持续供冷与削峰填谷相耦合的水蓄冷产品，减小电网负荷峰谷差，降低运行费用

数据中心配置有两台6 000m³蓄冷罐，利用制冷主机冗余，在谷电时间内对蓄冷罐进行蓄冷，在用电高峰期间利用所蓄冷量对数据中心供冷4h，从而达到削峰填谷的作用。减小电网负荷峰谷差的同时年可节约电费70余万元。

（二）末端空调采用智能控制层叠技术降低能耗

数据中心通过RS-485接口进行联网，系统自动根据机房内热负荷的变化，采用主备机全部开启运行，降低每台EC风机的风量和转速，从而降低末端空调的实际运行功率。利用智能控制系统的避免竞争运行功能，避免出现部分机组在制冷、部分机组在除湿的竞争运行情况。对空调运行模式进行优化调整，将回风控制调整为更为节能的送风控制。空调水阀由100%常开转为根据送风温度自动调节。通过以上技术改造，年节电能406万kW·h。

3.楼宇自动控制系统结合末端空调智能控制建立高效冷源系统，实现充分利用自然冷源降低能耗

数据中心由满足4h应急的蓄冷系统、群控系统（冷机、冷塔、水泵、板换等）、空调末端智能控制系统及楼宇自动控制系统组成的高效冷源系统。可在三种制冷模式间自由平稳切换，全年利用自然冷源时间达到了158天，后续将继续对楼宇自动控制逻辑及制冷设备进行优化改造，预计全年利用自然冷源可达到190余天，可实现充分利用自然冷源降低能耗。

4.配备智能化管理平台提升管理水平，实现精细化管控

数据中心在能源信息化管控方面，建设智能化动环监控平台和能源分析管控系统，对能耗进行实时分析和智能化调控，结合季节变化对系统的运行方式进行优化调整。群控系统对制冷设备进行实时监控及数据采集并进行控制，保证制冷系统在高效区间运行。

数据中心加强精细化管理，对现有设备进行技术改造。将电力室空调由弥散式送风改为定向送风，改造后空调风速由100%降至75%，9个月已节电能61万kW·h。对机房冷通道进行封闭，将冷通道与外界封闭隔离，定期对机柜缝隙进行检查封堵，避免气流短路，提高制冷效率。通过改造，IT耗电

量同比降低20万kW·h。

11.29　阿里巴巴江苏云计算数据中心南通综合保税区B区

11.29.1　基本情况

阿里巴巴江苏云计算数据中心南通综合保税区 B 区位于江苏省南通市，总设计面积23 629.43m²，用于服务电商、金融和物流等业务。

11.29.2　综合应用实践及效果

数据中心是阿里巴巴在华东区最先进的数据中心，行业内首次大规模采用10KV交流输入直流不间断电源系统，全面采用高水温自然冷却架构、高效先进的气流组织方案、机房热回收方案等大量绿色低碳技术，借助从运维经验中总结的能耗管理方法、暖通系统控制策略、节水方案等精细、务实的运行机制，全年平均PUE达到1.24，较设计值降低0.22以上。

1.应用先进技术产品，减少系统损耗

数据中心在行业内首次大规模应用阿里巴巴自研的10KV交流输入直流不间断电源系统巴拿马是台达携手阿里巴巴共同推出，此处表达不正确，通过配电链路和整流模块拓扑两个维度对原有系统进行优化，减少了系统66%的配电环节，从而实现最高运行效率，比传统方式运行效率提升超过3%。该系统先后入选2020年、2021年《国家绿色数据中心先进适用技术产品目录》。

2.应用高能效冷源设备，提升系统能效

数据中心全面采用高水温离心式冷水机组+板式换热器+冷却塔的高水温冷冻水架构制冷架构，将冷冻水温度提升到18℃，较传统供回水温度提升超过10℃，可大大延长自然冷却的时间，充分利用自然冷却能力为数据中心提供散热。该做法可显著提升冷机能效比到8.2以上，远高于行业平均值。

数据中心采用先进的气流组织，将机柜列与列之间形成相对封闭的冷通道和热通道，针对不同发热量的设备进行风量匹配和冷量调节，实现了定点、定量输送冷风，大大提高了冷空气的利用率。

数据中心结合变频水泵实现根据系统需求进行负荷调节的能力，达到节能运行的目的。

3.采用数字化运行管理机制，实现最佳运行

数据中心深度应用数字化智慧化管理，通过数据中心基础设施管理系统搭建数据中心场地设施的神经中枢，对各个子系统的反馈数据进行汇总、整理、运算、分析，从而为运维操作、容量管理、预见故障、远期决策等提供支持。数据中心基础设施管理系统基于供配电系统、制冷系统、精密空调系统、送排风系统、给排水系统等子系统完成的数据采集、系统内分析、展示、监控的工作，在中枢系统内全面掌握各子系统的运行数据，并对数据分类、汇总、整理、计算，作为总指挥部完成各子系统的关联分析，预见或及时感知直接故障和间接故障、提前决策，提高场地设施运行的稳定性、安全性、可靠性。

数据中心基于平台信息制定相应长效的能耗考评机制，对降低能耗设置有明确的、不断提高的发展目标，并将目标分解落实到责任人，结合气候环境、自身负载变化和运营成本等因素对关键系统的运行方式进行优化，对能耗数据进行定期统计分析并优化调整，保证基础设施运行处于最优工况。

11.30 中国民航信息网络股份有限公司后沙峪数据中心

11.30.1 基本情况

中国民航信息网络股份有限公司后沙峪数据中心地处北京市顺义区，总建筑面积71 233m²，主要用于互联网领域相关业务。

11.30.2 综合应用实践及效果

数据中心通过持续加大对冷却系统、供配电系统、绿色节能等方面先进节能技术的研究和优化，2021年电能利用效率值达到1.29（设计值为1.58）。

1.对暖通配电能源进行节能设计，实现高效运行

数据中心采用变频离心式水冷冷水机组。额定工况下能效比为6.5，运行中能效比最高可达14.29。同时配置板式换热器，当环境湿球温度较低时，通

过板换进行制冷，充分利用自然冷源。输送系统采用二级泵变流量系统（机房侧冷水机组定流量，负荷侧变流量），二级泵采用变频水泵，根据末端负荷变频，满足末端最不利管路压差设定，节省泵耗。冷却水泵采用变频水泵，根据实际需要冷却水流量自动变频。冷却塔采用变频风机，根据设定的冷却塔出水温度变频。

2.建立基础设施能耗管理平台，利用数字化手段提升运维效率

自主研发建立的基础设施能耗管理平台，实现了时/日/月级电能利用效率、基础设施设备的运行数据、能耗分布可视化及运行状况的实时监控，对底层动环、楼宇自动控制、蓄电池监控、电力监控、柴发监控等基础设施数据进行统一提取和整合分析。例如，不间断电源负载率、变压器负载率、冷机小温差、冷冻水空调过滤器脏堵判断、制冷系统效率等，指导能耗团队进行能耗数据分析，及时发现问题，并根据运行数据及时调整运行策略，实现传统运维向数字化运维的转型。

3.通过对暖通系统控制逻辑升级及运行策略优化，实现PUE的跨越式降低

通过升级暖通楼宇自动控制系统控制逻辑，实现冷源系统全自动高效运行，电制冷、预冷、自然冷却三种运行模式无缝切换，冷源系统全变频运行。结合运行策略优化，合理设定冷冻水温度、空调风速，充分利用制冷系统冗余，暖通设备始终运行在高效区间。一次泵能耗降低58%，冷却塔电加热能耗降低90%以上，冷源系统能耗下降33%，每年自然冷源使用时间接近9个月。使PUE突破1.30，达到1.29，实现了PUE跨越式降低。

11.31.1 基本情况

浪潮（重庆）云计算中心位于重庆市，总建筑面积54 000m²，主要用于互联网领域相关业务。

11.31.2 综合应用实践及效果

数据中心采用先进的数据中心建设和运维模式，在绿色环保低碳、减少人力成本、节约后期投资及避免重复建设上实现了明显的经济效益。电能利用效率从2020年的1.385降到2021年的1.351。

1.采用先进设计、节能技术与产品，夯实绿色节能基础条件

数据中心自建设设计初，就从建筑、给排水、电气、采暖、通风和空气调节、动力等方面充分将绿色节能纳入设计。

在建筑设计方面，将主要活动房间布置为南北向，使房间夏天可减少室外热量侵入，冬天可获得较多的日照；门窗洞口的开启位置有利于自然采光，也有利于自然通风；屋面、外墙表面采用岩棉外墙外保温体系；外墙的组合厚度具有一定的热惰性指标和较小的传热系数，满足相应建筑节能设计标准的相关规定。

在电气设计方面，设计变电所靠近负荷中心布置，缩短低压供电距离；在高低压供配电系统中，设置了集中监控系统和必要的计量仪表，以便能耗的检测，并根据数据中心负荷情况，进行供电负荷调整，以减少系统的电能损耗。

数据中心为了积极响应《工业节能诊断服务行动计划》（工信部节〔2019〕101号），主动接受节能诊断服务，参照《国家绿色数据中心先进适用技术产品目录》，采用湿膜恒湿机、电池管理系统、模块化不间断电源、能源信息化管理系统等技术产品。电能利用效率（PUE）值对比投用初期下降0.25。

2.精益运维管理，持续优化能源利用效率

数据中心通过在监控大厅内对建成的电能利用效率监测系统、动力环境监控系统以及智能运维能管平台的统一管控，可实时监测数据中心用电用能情况。并通过每周统计数据中心用电用能情况，对主要用电用能设备运行状态进行详细分析，及时制定和调整设备运行策略。通过精益运维管理措施，电能利用效率持续改善，较同期下降0.034。

11.32 腾讯仪征东升云计算数据中心1号楼

11.32.1 基本情况

腾讯仪征东升云计算数据中心 1 号楼坐落于江苏省仪征市，总建筑面积12 766.25m²，主要用于互联网领域相关业务。

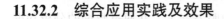

11.32.2 综合应用实践及效果

数据中心基于腾讯T-block技术与分布式光伏发电技术的紧密结合，以及多种节能技术的应用，实现了"1+1＞2"的效果。

1.应用间接蒸发冷却技术，充分利用自然冷源

数据中心选用间接蒸发冷却技术，可以进行循环风预冷，减少机械制冷负荷，从而减少制冷用电。

2.利用可再生能源分布式发电技术，提高节能减排效益

数据中心出于节能考虑，在所有厂房屋顶建设分布式光伏发电系统。本项目安装峰值功率为450W的光伏组件共28000多块，总装机容量为12.92MW，年均发电量超过1210万kW·h，在25年设计使用年限内总发电量约3.025亿kW·h。屋顶光伏系统配置先进的自动化清扫机器人，实现自动化运维管理，保持光伏组件清洁度，进而保障光伏系统始终处于最佳能效状态。无水清扫机器人的使用既节约用水，也减少相应的废水排放，节能减排效益显著。

3.精益运维管理，改善电能利用效率

数据中心采用腾讯智维进行精细化运营容量和能源使用情况管理。同时，腾讯智维平台覆盖碳排查、负荷预测、可再生能源利用情况分析等能力，能够自动实时精确获取能源数据并进行精细化的分类、统计和科学建模，给出最经济性的节能减排方案，以帮助决策。

11.33 天津翔明数据中心

11.33.1 基本情况

天津翔明数据中心坐落于天津滨海高新技术产业开发区，总建筑面积5 000m²，主要用于服务器托管及云计算相关业务。

11.33.2 综合应用实践及效果

数据中心采用了磁悬浮变频离心式冷水机组和模块化不间断电源。升级

了数据中心基础设施管理监控系统，该系统采用统一平台同时管理关键基础设施（如UPS、空调）及IT基础架构（如服务器），并通过数据的分析和聚合，最大化数据中心的运营效率，提高可靠性。年均电能利用效率由改造之前的1.79降为2021年度的1.48。

1.建立高能效冷源系统，充分利用自然冷源降低能耗

数据中心采用高能效冷源系统，充分利用自然冷源。按空调回风温度26℃，机组全年8 760h不间断运行计算，此项全年节能率达20%以上。数据中心采用高效的空调末端，精密空调采用嵌入式控制器风机。封闭式循环管网，循环水采用封闭式，只有在循环水自然损耗的情况下（压力下降），才进行补水补压，提高水的利用率，节省大量用水。合理的机房设备布置，机房内计算机设备及机架升级改造采用"冷热通道"的安装方式进一步提高制冷效果。

2.导入能耗检测及运维管理系统，促进节能诊断和优化

数据中心导入了数据中心能耗监测及运维管理系统，该系统采用统一的平台同时管理关键基础设施（如UPS、空调）及IT基础架构（如服务器），并通过数据的分析和聚合，最大化数据中心的运营效率，提高可靠性。系统现接入15 000个监控点。数据中心管理人员利用智能化管理平台，对能耗周报、月报进行分析，提高机房空调系统供回水温度、提高单机柜利用率、合理优化不间断电源机组运行负载率提高机组效率、规划机房照明，使实际运行电能利用效率优于设计值。

3.组合使用多种节能举措，持续进行绿色节能改造

数据中心在2019年将空调系统进行了全面的升级改造，由原来的风冷直膨式空调机组改为自然冷却风冷式冷水机组；末端氟泵精密空调全部更换为更节能的嵌入式变频风机的水冷精密空调；升级改造完成后，实现了2台自然冷却磁悬浮和2台自然冷却螺杆机组的优化。数据中心升级的冷源采用群控系统，可实现空调智能化调度，根据负荷的情况自行计算负荷量及开启运行设备的台数和调整循环泵运行负荷，最大限度地提高设备的使用效率和避免无效负荷的运行，达到最优的换热效率。针对传统空调风机耗能较大的问题，更换了更加节能的变频风机，该风机可以针对当前机房的环境条件，自

动调整，实现更加节能的效果。水冷系统也采用变频循环泵，在非满载工况下效率更高。机房内的IT设备机柜根据现场情况，将房间级制冷改造为冷通道封闭装置，优化了气流组织，提高了空调运行效率，节约能源。数据中心公共区域所有日光灯更换为亮度更高、寿命更长、更节能的LED灯。同时，机房里的照明分为"值守灯"与"工作灯"，"工作灯"为微波感应灯管，当有人在工作区域时，"工作灯"会自动点亮，否则当无人在工作区域时其自熄灭。

11.34　湖南磐云数据中心

11.34.1　基本情况

湖南磐云数据中心位于湖南省长沙市，建筑面积23 645.06m²，主要服务于互联网领域相关业务。

11.34.2　综合应用实践及效果

数据中心通过配置双冷源系统、优化气流组织，不断完善智能监控系统和科学的运维管理体系，建立完善的节水制度与措施，采用节水型设备，在2021年电能利用效率为1.41，同比降低14%。

1.采用双冷源制冷模式，提高冷源系统效率

数据中心采用了风冷螺杆机组+水冷离心机组的独立双冷源系统。低负荷下在部分模块化机房采用风冷螺杆机制冷，当负荷上升至一定值后，无缝切换至水冷离心机组制冷，提升了不同负荷下冷源系统的运行效率。此外，数据中心还采用板式换热器，冬季充分利用自然冷源，年均自然冷源利用时间达到1 547h，年节电能约9.6万kW·h。

2.优化气流组织，减少空调末端能耗

数据中心在规划设计阶段开展了机房气流组织建模、模拟与优化，从而找到最佳的优化方案。机房末端采用房间级精密空调、封闭冷通道、下送上回的方式定向送风制冷。通过气流组织建模及优化，合理调整空调风速，精确控制各空间的温度及湿度，从而节约制冷量及送风量，电能利用效率下降4%。

3.配置智能监控管理系统，优化控制参数

在能源、资源、容量等信息化管理方面，建设了动环监控系统、电力监控系统、母线监控系统等，对设备运行状态进行实时监控、定期统计、分析与优化。在冷源控制上，采用了楼宇自动控制系统变频控制冷水主机、水泵、冷却塔等设备，根据不同工况自动启停或者调节阀门、新风机、送排风机等设备的运行参数，保证系统高效运行。通过完善且不断优化的自动控制系统，电能利用效率降低6%。

11.35　国家税务总局佛山市税务局数据中心

11.35.1　基本情况

国家税务总局佛山市税务局数据中心位于广东佛山市，总建筑面积325m²，主要用于公共机构领域相关业务。

11.35.2　综合应用实践及效果

数据中心按照冷热通道分离方式进行设计，采用活动地板下送风方式、上回风的送风，通过数字化智慧管理、节能技术改造、能源综合利用等方式强化能耗管理。2021年电能利用效率为1.3，比设计值下降35%。

1.应用数字化手段，实现智慧化管理

数据中心安装能源、资源信息化管控系统，可实时监视各系统设备的运行状态及工作参数，可实时显示各系统及主要设备对能源、资源的使用情况，并提供智能化分析功能。数据中心采用动力环境监控系统对空调系统和设备的运行状态进行在线监控，系统具备实时监测、数据查询、报表管理（统计分析、对比分析）等功能。系统采用自动采集的方式，采集频率间隔为5min，相比人工采集，极大提高了采集的及时性和准确性。

2.开展节能技术改造，实现节能降耗

一是数据中心采用智能雾化器将水雾挥洒并覆盖在空调冷凝器进风侧的平行面，通过水雾的蒸发冷却降低冷凝器进风侧空气的温度，并实现智能控制。与传统风冷式精密空调相比，该方法可节电约12%。二是数据中心采用后备储能智能管理系统，通过监测单体电池的充电电压、开路电压及放电电压的变化情况判断蓄电池性能劣化趋势。通过监测电池极柱处温度、内阻、电流的变化情况，并对劣化趋势进行量化评估，判断蓄电池性能劣化趋势；三是数据中心采用施耐德PX160模块化UPS，该设备各个功能单元采用模块化设计，整机具有数字化、智能化等特点，可实现网络化管理。44个机柜标称功率总和为88kW。IT设备耗电量为448 423.2kW·h。机柜实际平均用电负荷功率为1.16kW，机柜标称平均功率2kW。

3.运用节水技术，实现节水增效

数据中心使用风冷系统，用水量较少。水资源使用效率为0.46 L/（kW·h），水资源全年消耗量与数据中心IT设备全年耗电量的比值不高于0.6 L/（kW·h）。选用高效、节能的变速水泵，变速水泵的应用可避免传统供水系统中按供水最不利情况计算所引起的水量、电能的浪费问题。运维暖通部门设专人密切注意气温及负载变化，及时开启和关闭水喷淋降温系统，减少用水量。此外，对数据中心产生的废水进行回收利用。部分废水收集到集水坑，可用于绿化灌溉、地板清洁、厕所清洁。

11.36 国家税务总局江西省税务局数据处理中心

11.36.1 基本情况

国家税务总局江西省税务局数据处理中心位于江西省南昌市，总建筑面积1 070m²，用于税收数据的管理。

11.36.2 综合应用实践及效果

数据中心采用水冷+风冷的双冷源系统，应用自主开发的综合运维管理平台，集成动环监控、电力监控、楼宇自动化控制系统、智能化等系统进行综合数据管理，实现高度统一的信息共享、相互协调和联动功能，形成了成熟、可靠的标准化运维模式，取得了良好的经济效益和社会效益。

1.引入绿色低碳设计理念，从源头打造绿色数据中心

数据中心在设计阶段参照国内外先进数据中心，优先采购绿色建材和满

足国家有关节能、节水、低碳等相关标准要求的设备和产品，如选用ECO效率高达99%的节能模式的不间断电源，配合自研UPS智能休眠策略，整机效率高达95%以上；采用以机房为中心的发散型网络光纤布线，选取低能耗刀片服务器。制冷系统采用了冷通道技术，确保精确送冷风的效果，整体布局科学、合理、使用方便。

2.引进智能化管理系统，从管理上提升能源利用效率

数据中心引进了智能化电池监控系统，可设定电池内阻的自动定时检测，同时也可在服务器上对整组电池或单个电池的内阻进行检测；可对电池组电压、电流、单体电池电压、温度、内阻等参数进行巡检，当电池组进行放电或充电时，电池监测仪自动进行容量测试；可对电池组电压、单体电池电压、电池内阻、温度等设定上下限极值。

数据中心采用动力环境监控系统和能耗监测平台，对重点用能系统和设备的能耗状况进行在线监控，该系统具备实时监测、处理和动态分析等功能。运维人员可定期核对设备能效指标，找出能耗异常的设备。通过智能分析功能反馈的数据，运维人员可以精准、高效地实施运行维护，提高用能效率，通过该平台已成功解决20起能耗问题，使综合能耗指标同比下降38.26%，使能耗管控走向智能化、精细化。

3.实施节能改造，从技术上突破能效瓶颈

全面更换功率密度达每柜500KV·A的模块化高效UPS。一是系统安全可靠，UPS功率、旁路、控制模块全冗余设计，无任何单点故障；其25%输入电压的调节范围，适应各种恶劣电网；配电系统功率因数0.5以上不降额，完美匹配各种负载；电池、电容及风扇等关键部件失效预警，防止故障扩大。二是系统低载高效，采用智能轮换休眠技术确保冗余的同时提升UPS效率3%~5%；空间利用高效，单机容量最大可达500KV·A，节约占地面积50%；模块采用热插拔设计，维护方便；单机可按需平滑扩容至500KV·A，有效提升UPS运行效率；UPS供配电系统核心参数自动巡检，实时监控，免除人工巡视。

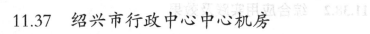

11.37 绍兴市行政中心中心机房

11.37.1 基本情况

绍兴市行政中心中心机房位于绍兴市，总面积1 290m²，主要用于公共机构领域相关业务。

11.37.2 综合应用实践及效果

数据中心通过持续加大对冷却系统、供配电系统、IT设备功耗和资源池虚拟化等方面先进节能技术的研究和优化。2021年度电能利用效率达到1.34，相比设计值降低20%。

1.充分采用绿色节能设计，实现节能优化

主机房和网络机房内机柜面对面布置，正面形成冷通道，冷通道与热通道进行了隔离。电子信息设备安装符合GB 50174–2017《数据中心设计规范》的规定要求，机柜空余位置安装了气流遮挡器件。

2.建立高能效冷源系统，充分利用自然冷源降低能耗

主机房内设置风冷型精密空调机44台，其中制冷量为50kW的机组3台，制冷量35kW的机组41台。室内机采用行级空调方式，主机房安装了3台新风换气机，冬季可以将新风换气机作为自然冷源。

主机房采用"市电+不间断电源"混合供电方式优化UPS配置数量，降低了UPS运行时的自身电能损耗，提升整体电能利用效率。

11.38 湖州市公安局业务技术大楼中心机房

11.38.1 基本情况

湖州市公安局业务技术大楼中心机房位于浙江省湖州市，总建筑面积871.92m²，主要用于公共机构领域相关业务。

11.38.2 综合应用实践及效果

数据中心建筑外墙使用岩棉保温材料加强保温，应用智能新风系统等先进节能技术，充分利用自然冷源，并通过建立数据中心节能监测体系，实现电能利用效率为1.37，相比设计值降低14.4%。

1.建立高能新风系统，充分利用自然冷源降低能耗

空调室外机设置雾化喷淋系统，利用蒸发冷却原理，保证夏季高温时空调系统的制冷效果及利用率。数据中心充分利用自然冷源，数据中心配有智能新风系统，利用过渡季节及冬季较低的室外气温（室外温度低于15℃时），由新风机提供冷源，减少空调机组开启时间、降低能源消耗。空调末端采用调速风机并根据回风温度控制风机的功率，若回风温度较低，就降低调速风机的功率减少风量；若回风温度较高，就提高调速风机的功率增加风量。

2.建造设计、施工、管理阶段全生命周期考虑绿色理念

在绿色设计方面，机房采用封闭冷通道设计，冷、热气流完全隔离（所有空置机柜配盲板，减少冷热气流混合），达到"先冷设备，再冷环境"的目的，并配套风量可调地板风口或变风量地板风机，保证不同功耗设备的散热需要。

11.39 国家税务总局惠州市税务局数据中心

11.39.1 基本情况

国家税务总局惠州市税务局数据中心位于广东省惠州市，总建筑面积约400m²，主要用于公共机构领域相关业务。

11.39.2 综合应用实践及效果

数据中心通过机房前期的供配电设计、IT设备的运维管理及机房基础环境设施的日常维护等措施，在绿色设计及绿色采购方面，通过出台绿色采购相关管理办法等，数据中心的绿色发展水平得到了进一步提高。电能利用效率从投用初期的年均值1.55降低到年均值1.45。

1.建立智能高效的运维模式，为节能管理提供可靠的机制保障

在基础环境运维上，通过应用先进的环境监控系统，实时准确地将机房温湿度、电力供应情况、空调设备运行情况等信息收集并发送到运维平台，实现运维人员对机房基础环境信息的全面掌握。

在设备运行监控上，数据中心配置设备监控系统，实时监测各业务服务器的工作状态，发现异常实时将告警信息短信发送给运维人员，便于运维人员及时排障。

在节能管理上，机房用电主要分为IT设备用电和基础环境用电，可以从两方面入手，减少电能的不必要损耗。一是对IT设备用电优化。通过建设虚拟化平台，将业务集中在虚拟化平台上，减少物理服务器的使用，有效减少电能损耗，对比其他数据中心，耗电量明显减少；同时，及时下电闲置或损坏的IT设备，也是一种行之有效的节电措施。二是对于基础环境用电优化。精密空调组采用集群的工作方式，在IT设备较多的机柜组有两台精密空调同时工作，在IT设备较少的机柜组只有一台精密空调工作，使精密空调得到必要休息的同时，又能做到电能的节约。

2.采用先进的环境监控系统

实时准确地将机房温湿度、电力供应情况、空调设备运行情况等信息收集并发送到运维平台。

3.虚拟化应用

数据中心近年来逐渐往虚拟化方向发展，已配置三套虚拟化系统，有助于服务器资源整合，减少服务器的数量；通过降低空间、散热及电力消耗等途径压缩数据中心成本，提高能源使用效率。

11.40　中国石油数据中心（克拉玛依）

11.40.1　基本情况

中国石油数据中心（克拉玛依）位于新疆维吾尔自治区克拉玛依市，总建筑面积约52 716m²，主要应用于支撑中石油数字化转型及智能化发展。

11.40.2　综合应用实践及效果

数据中心通过开展节能诊断与优化、应用"水冷+风冷"的双冷源系统、自主开发的综合运维管理平台等先进节能技术产品，数据中心总体能源及水资源利用水平显著提高。电能利用效率从投用初期的年均值1.74降低到年均值1.40，水资源使用率达到0.59L/（kW·h）。

1.建立数据中心制冷系统节能诊断体系，推动节能诊断与节能优化

数据中心运用观察、测试、解决节能诊断方法，建立了一套完整的、可推广的数据中心节能诊断体系，涵盖全制冷系统15项内容，并为各项能效指标确定目标值，保证数据中心暖通系统能效各个环节有据可查。日常运用该节能诊断体系持续开展节能诊断与优化，结合冷冻水温度与冷却水温度控制的节能方法、静压箱均匀送风技术、水力平衡"1+3"调节技术、建筑信息模型的加湿设计与优化技术及节能策略，不断地探索、优化，电能利用效率值对比投用初期下降0.34。

2.建立高能效冷源系统，充分利用自然冷源降低能耗

结合新疆地区环境特点，持续对能耗数据进行统计分析，在不同的季节与环境温度下分别采用不同制冷策略。水冷制冷系统采用"2台变频机组+2台定频机组"结合的方式，既保证了低负载下的制冷效率，又为随着负载不断上升时运行机组的效率提供了可靠的保障。水冷系统设置电制冷、半自然冷却、完成自然冷却三种模式，可通过楼宇自动控制系统根据环境情况自动切换；风冷系统采用11台集成自然冷却功能的冷却机组，在冬季能充分利用克拉玛依地区自然冷源丰厚的优势，大幅度增加机组制冷效率，机组制冷性能系数达30，全年使用自然冷源时间达60%，该时段电能利用效率在1.20以下。

3.应用数字化手段，提升运维管理水平

应用电力管理系统实现数据中心从35kV专线进线至模块机房配电单元开关的全范围监测及控制功能，精细管理电能使用情况，为数据中心能源管理提供数据支持。高压配电系统基于变电站自动化国际标准建设实施，对所有配电单元统一面向对象建模，实现站级监控系统及设备标准化统一管理和快

速配置接入，解决了供配电自动化产品的互操作性和协议转换问题，提高了安全稳定运行水平，有效减少了系统故障时间。运用智能化平台采集各项能耗数据，动态评估分析能耗指标，呈现数据中心基础设施各项运行指标及日常管理轨迹，实现全方位、多视角的立体化科学管理。

11.41 中国银行合肥云计算基地

11.41.1 基本情况

中国银行合肥云计算基地位于安徽省合肥市，主要应用于中国银行金融业务发展和科技创新。

11.41.2 综合应用实践及效果

数据中心通过采用绿色先进技术产品、开展绿色能源利用专项行动、制定绿色能源相关制度、强化能耗管理等提高了数据中心能源利用效率，降低了能耗。

1.优化运行参数和调整运转模式，降低制冷能耗

通过调高冷水机组出水温度，解耦冷机与水泵串联关系，并联水泵低频运行，从而提高冷机能效比和自然冷却使用时间，降低水泵功率。通过优化，自然冷源使用时间提高了37.6%，空调系统全年能耗下降26.7%。

2.精细化气流组织管理，降低空调能耗

数据中心采用封闭冷通道微模块产品，定期开展气流组织全方位情况摸排，开发使用机房气流组织仿真软件，准确定位运行中气流组织存在的问题，并及时进行优化。对气流组织进行优化后，行间级空调能耗下降19.3%，服务器24h内运行平均功耗下降18.7%。

3.湿度智能控制管理，降低湿控能耗水耗

通过增加户外湿度传感器，编写智能脚本等措施，对空调和恒湿机的湿度设定点进行智能调控，根据户外传感器获取的湿度信息自动调控湿度设定点，减少加湿除湿的负荷。通过湿度控制优化举措，全年加湿耗水量降低了38.2%，用于湿度控制的耗电量降低了46.5%。

11.42　中国证券期货业南方信息技术中心1号数据中心

11.42.1　基本情况

中国证券期货业南方信息技术中心1号数据中心位于广东省东莞市，总设计面积2.75万m^2，主要用于金融领域相关业务。

11.42.2　综合应用实践及效果

数据中心积极采用高能效设备，广泛应用节能运行技术，开发智能管理系统提高数据中心运维水平，数据中心总体能源利用效率不断提高，电能利用效率从投产初期的2.0以上降至最低的1.32，大幅低于设计值1.6。

1.采用高效设备和节能运维技术，加强节能精细化管理

数据中心采用高效设备和节能运维技术，加强节能精细化管理。具体包括以下几个方面。

一是提高冷冻水进出水运行温度，在保证机房设备安全运行的情况下，大幅降低主机能耗。冷冻、冷却水泵、冷却塔风机全部采用变频控制，利用最优算法实现电机频率调节，使得水泵、风机在最优能耗下运行。精密空调皆采用EC变频风机，通过合理控制精密空调送风温度、运行台数、风机转速、水阀开度等降低能耗。二是优化柴油发电机机组润滑油、发电机防潮加热器控制逻辑，降低加热功耗。不间断电源采用ECO节能运行模式，降低UPS能耗。三是加强机房气流管理，实现冷热通道的彻底隔离，提高机房空调送回风温差。同时完善机房气密性，减少外部环境对机房的影响。四是室外采用太阳能照明。数据中心全区域采用智能照明控制系统，真正做到"人走灯灭"。

2.应用数字化手段，提高智能化管理水平

1号数据中心设有动环监控系统、楼宇自动化监控系统、电力监控系统、数据中心基础设施管理系统、智能照明系统、电池监控系统、门禁系统等智能化管理系统，对设备运行状态进行实时监控和数据采集。在冷源系统控制方面，采用群控系统变频控制水泵、冷却塔等设备，保证系统在高效区

间运行。动环监控系统可监控机房内温湿度，实现机房高温高湿报警；电力监控系统可监控电力系统运行状态，实现分合闸报警功能，可及时监测到电力系统的异常状态。

11.43 招商银行上海数据中心

11.43.1 基本情况

招商银行上海数据中心位于上海市，总建筑面积15 000m²，主要用于金融领域相关业务。

11.43.2 综合应用实践及效果

数据中心采用自然冷源系统、高效嵌入式控制器风机、远程送风温度控制、先进的智能运维平台、精细化的运维管理等绿色先进适用技术和运维手段，持续推动电能利用效率降低及运维人员生产效率的提升，实现电能利用效率由设计值1.80降至2021年均值1.47。

1.建立高效制冷系统，充分利用自然冷源降低能耗

数据中心采用高效的集中冷冻水系统，配置变频离心式制冷主机+变频水泵，系统上配置有自然冷源系统和水蓄冷，提升制冷系统的能效比；采用先进的自动化控制系统，实现全自动化节能运行；采用EC下沉风机，按需调整输出百分比，高效节能；采用独立湿膜加湿技术，提升加湿效率的同时，节省耗能和耗水量。结合上海地区的气候特点，动态调整冷冻水供水温度，尽可能延长自然冷源使用时长。通过自然冷源的应用，年节电能约52.6万kW·h。

2.过精细化的运维管理，推动系统节能运行

数据中心运维团队非常重视精细化管理，建立了一整套运维管理制度并严格执行，主要体现在以下三方面：一是气流组织管理，实施冷通道封闭及机柜空余U位的精细化封堵，有效遏制冷热气流的窜流，提高冷量利用率；二是机房温度的精细化管理，通过精密空调远程送风温度控制模式，精确控制冷通道内的温度；三是冷量、风量与负载的精确匹配，通过动态、精细化管理精密空调运行台数及EC风机转速，实现全年节省精密空调能耗约131.4万kW·h。

3.采用数字化手段进行智慧化管理，提升运维效率

数据中心采用先进的智能运维管理平台，该平台集成了环境监控、能源管理、容量管理、工单管理、综合布线管理、故障判断等功能模块，可实时监视各系统设备的运行状态及工作参数；可实时显示各系统及主要设备对能源、资源的使用情况；可提供智能化分析功能，实现电力、制冷、机柜资源的容量管理；可自动派发工单及闭环管理；可实现综合布线及跳线的规划和管理；可实现故障分析及自动生成各类报表等功能。通过智能运维管理平台，生产效率提升约26%。

11.44 湖州银行湖东数据中心

11.44.1 基本情况

湖州银行湖东数据中心位于浙江省湖州市，总建筑面积1 577m²，主要用于金融领域相关业务。

11.44.2 综合应用实践及效果

数据中心通过采用封闭冷通道、自然冷源+高效风冷空调、软件定义数据中心技术和智能化综合运维平台等先进节能技术产品，数据中心电能利用效率由2020年的1.63降至2021年的1.37。

1.采用节能设计，降低制冷压力

数据中心机柜的冷通道进行封闭处理，使冷空气和热空气之间形成完整的隔离，避免制冷短路及重复制冷，达到节能效果；选用高效变频空调，冬季增加新风系统引入自然冷源，从而降低空调负载，同时将外机部署在通风良好的平台上，有利于降低外机的散热压力，延长使用寿命；机房采用智能母线、模块化不间断电源及智能化动环监控，可实时读取各项能耗数据，动态评估分析能耗指标；另外服务器选用高效铂金及以上等级的电源模块（转换率≥94%），提高能耗转换率。

2.高效IT部署，提高设备利用率

数据中心的信息化部署采用了虚拟化、分布式存储和软件定义网络等技

术。4套私有云平台承载了银行200余个应用系统，最多可容纳4 000余台虚拟主机，大幅降低了设备采购成本；软件定义网络改变了服务器与网络紧耦合的状态，提升网络资源池化水平。高效的IT部署模式，使得设备性能和机柜资源得到最大程度的利用，多集群应用部署确保了重要业务的连续性，通过平台化实现线上便捷部署新业务系统，避免了人员频繁出入机房带来的制冷损耗。

11.45　广西北部湾银行五象总部大厦数据中心

11.45.1　基本情况

广西北部湾银行五象总部大厦数据中心位于广西壮族自治区南宁市，总建筑面积3 450m²，用于金融领域相关业务。

11.45.2　综合应用实践及效果

数据中心建立了比较完备的信息化管理组织、制度和流程，形成了一支技术成熟、稳定的应用维护队伍，培养了一批信息技术及管理人员，在施工过程中采用节能环保材料，基础设备均采用节能产品，使电能利用效率从2020年的1.60降到2021年的1.50。

1.数据中心采用智能小母线配电技术，操作便利、节约空间

数据中心采用智能小母线配电技术，操作便利、节约空间。其主要优点有：提高机房利用率（小母线的应用提高机房利用率，原每列预留出1～2台列头柜的位置都可以重新部署服务器机柜，实现经济效益最大化）；提高制冷效率（传统列头柜方案布置在高架地板下，阻碍气流传输，降低制冷效率；小母线方案布置在机柜上方，不占用制冷空间，提高制冷效率，有效地改善电能利用效率；交付时间快（不再需要制作线槽，现场接线等复杂的线路铺设，只需要通过简单的配件连接即可，数据中心交付时间最短）；提高可持续性（小母线使用环保材料，使用寿命长达20年以上，可以反复使用，避免投资的浪费）；维护成本低（小母线非螺栓连接，不会产生因维护造成的"宕机"，10年内免维护，极大地节约运行维护成本）。

2.数据中心采用模块化密闭冷通道技术，提高制冷效率，实现绿色节能

数据中心采用模块化密闭冷通道技术，提高制冷效率，实现绿色节能。其主要特点有：隔离冷热气流，冷量使用效率提升；冷量均衡供应到机柜高度，机柜上部空间可以充分使用；密闭冷通道形成冷池小空间，可减少送风的驱动能耗。封闭冷/热通道后冷热空气基本隔绝，在设备机柜垂直的各个断面上面的进风温度都可控制在理想的范围内（18～25℃）。送回风效率的提高，也为提高精密空调送风温度，从而达到节能降耗创造了条件。

3.数据中心采用可靠节能高频一体化大功率不间断电源，为机房负载提供稳定可靠的电能输出

数据中心采用可靠节能高频一体化大功率不间断电源，为机房负载提供稳定可靠的电能输出。主要性能为：卓越的运行效率，双变换（整流器和逆变器的转换）模式效率高达97%，在确保IEC62040-1类供电质量和高可用性的前提下，节能模式效率高达99%；智能并联，以优化低负载率下的运行效率，大大节约运行成本，降低总持有成本；整流器、逆变器均采用新一代三电平变换拓扑，效率更高，运行电力成本显著下降；智能风扇调速、智能并联模式，极致节能。

4.数据中心采用智能照明系统，实现绿色照明、智能化照明

数据中心采用智能照明系统，实现绿色照明、智能化照明。由于本项目属于无人值守机房，所以在机房区及走廊采用智能照明，并在机房区主要通道及走廊加装移动感应器，各区域照明实现智能化。